最新交通标志大全

警告标志

十字交叉　T 型交叉　T 型交叉　T 型交叉　Y 型交叉　向左急弯路　向右急弯路　反向弯路

 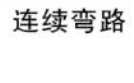       

连续弯路　上陡坡　两侧变窄　右侧变窄　左侧变窄　窄桥　双向交通　环型交叉

下陡坡　注意行人　注意儿童　注意牲畜　注意信号灯　注意落石　注意横风

易滑　傍山险路　提坝路　村庄　隧道　渡口　驼峰桥

路面不平　过水路面　有人看守铁道道口　无人看守铁道道口　叉形符号　注意非机动车　事故易发路段　慢行

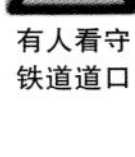           

施工　注意危险　斜杆符号　左右绕行　左侧绕行　右侧绕行

禁令标志

禁止通行　禁止驶车　禁止机动车通行　禁止载货汽车通行　禁止三轮车通行　禁止小型客车通行　禁止拖、　禁止

   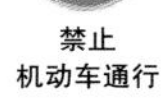  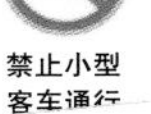 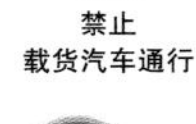  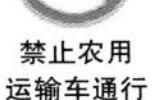    

禁止农用运输车通行　禁止二轮摩托车通行　禁止非机动车通行　禁止畜力车通行　禁止人力货三轮车通行

 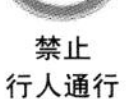     

禁止行人通行　禁止向左转弯　禁止向右转弯　禁止直行　禁止直行和平向左转弯　禁止直行和向右转弯　禁止掉头　禁止超车

解除禁止超车　禁止车辆长时间停放　禁止鸣喇叭　禁止宽度　限制高度　限制质量　限制速度　解除限制速度

停车检查　停车让行　减速让行　会车让行　限制轴重　禁止车辆临时或长时停放　禁止向左向右转弯　禁止骑自行车下坡

禁止某轮两种车通行　禁止大型客车通行

指示标志

直行　向左转弯　向右转弯　直行和向左转弯　直行和向右转弯　向左和向右转弯　靠右侧道路行驶

靠左侧道路行驶　立交直行和左转弯行驶　立交直行和右转弯行驶　环岛行驶　步行　鸣喇叭　最低限速

单行路向左或向右　单行路　直行　干路先行　会车先行　人行横道

右转车道　直行车道　直行和右转合用车道　分向行驶车道　公交线路专用车道

机动车行驶　机动车车道　非机动车行驶　非机动车车道　允许掉头

新型职业农民培育教材

新型职业农民农机操作手

冉文清 张 英 赵礼才 主编

中国农业科学技术出版社

图书在版编目（CIP）数据

新型职业农民农机操作手 / 冉文清，张英，赵礼才主编．—北京：中国农业科学技术出版社，2015.11

ISBN 978-7-5116-2325-6

Ⅰ.①新… Ⅱ.①冉…②张…③赵… Ⅲ.①农业机械-驾驶员-基本知识 Ⅳ.①S22

中国版本图书馆 CIP 数据核字（2015）第 249766 号

责任编辑 王更新
责任校对 马广洋

出 版 者 中国农业科学技术出版社
北京市中关村南大街 12 号 邮编：100081
电 话 (010)82106639(编辑室) (010)82109702(发行部)
(010)82109703(读者服务部)
传 真 (010)82107637
网 址 http://www.castp.cn
经 销 者 各地新华书店
印 刷 者 北京富泰印刷有限责任公司
开 本 850mm×1 168mm 1/32
印 张 8.5 彩插 2 面
字 数 205 千字
版 次 2015 年 11 月第 1 版 2018 年 12 月第 5 次印刷
定 价 28.00 元

《新型职业农民农机操作手》

编　委　会

前　　言

在当前形势下，必须大力加强农机化人才队伍建设，加快培养新型职业农民，真正把农业机械化发展转移到依靠科技进步和提高劳动者素质的轨道上来。目前，我国农机化作业水平已超过50%，农业生产方式已步入以机械化为主的新时代，发展农业机械化的过程很大程度上也是造就高素质职业农民的过程。目前，活跃在农村的4 000多万农机手，多数是具有相对较高文化素质的中青年农民。他们懂技术、会操作机械、善于经营，是新型职业农民的代表，已成为发展现代农业的中坚力量。

为了普及农机化知识，提高广大农机手的业务素质，安全、高效、优质地为农业生产服务，编者们编写了本书。

本书主要介绍农机驾驶员基础知识、相关政策及法律法规、拖拉机安全操作与维修技术、联合收割机安全操作与维修技术、配套农机具安全操作与维修技术、农机合作社经营与管理等方面的知识。

由于编者水平所限，加之时间仓促，书中不尽如人意之处在所难免，恳切希望广大读者和同行不吝指正。

编　者

目　录

第一章　基础知识

第一节　新型职业农民与农机操作手

一、新型职业农民的含义

高素质职业农民，一般指德才兼备或有某种特长的人。高素质职业农民是一种人才，以其创造性劳动为社会做出积极贡献。人才作为知识的创造者、承担者、传播者和使用者，越来越受到现代社会的关注。农业科技人才是新生产力的开拓者，是农业科学知识和实用技术的推广者和传播者，是科学理论的探索者，对农村经济和农业生产的发展有着举足轻重的作用。我们应该看到农村实用人才和乡土人才在农业与农村现代化建设中不可替代的重要作用。为了保证我国农业和农村现代化的顺利实现，提高我国农业的国际竞争力，继续保障我国人民的食物与营养安全，调整农业结构，增加农民收入，促进农业产业化进程，加速农村小城镇建设，缩小城乡差别，开发资源，保护环境，治理污染，防灾减灾，促进农业可持续发展和宏观发展战略的实现，需要建立一支门类齐全、梯次合理、素质优良、新老衔接的庞大的现代农业人才队伍。

农业是一个强调实践性和综合性的领域，高新技术愈是渗透于农业，它要求农业科技人才的社会性、综合性、实践性就愈高。据联合国粮农组织（FAO）关于《高等农业教育战略的选择》报告称："农业大学应该培养新型科学家，具有试验场研究和农场研究及与农林推广站工人密切合作的能力"。我国和外国的一些著名农业专家在论述中国农业发展时也指出，农业干部的选拔应遵循以下几点：①真正懂得农业科学技术；②具有开创和促进国际间的农业合作与交流的能力；③具有领导才能和个性特点，能够赢得农业领域各部门的尊敬。我们极力建议，农业干部应该懂得农业方方面面，能够赢得国内外农业领域的尊敬并与之合作，而不应是一个官僚统治者。确实，中国的农业现代化建设和融入经济全球化的客观现实，迫切需要大量德才兼备、献身农业、服务人民的包括农业科技人才和农业干部在内的现代农业人才。

新型农民，是指在当地专门从事农业某个方面的商品生产、经营或服务活动的，有文化、懂技术、会经营的新一代农民。其主要有以下 3 个方面的特征。

（1）有文化、懂技术、会经营的知识技能型农民。从经济学角度看，知识技能型农民就是“农商”，是一个以通过市场配置资源，以需求指导农业生产又以新产品引导市场，并以商业活动为舞台的新型农副产品生产者和市场经济的参与者。有文化是指新型农民必须具备一定的文化知识并具有接受新知识和各种信息的能力。懂技术是指新型农民必须具备一定的农业科学技术基础和接受过技能培训，具有较高的自身吸收和运用新技术的能力。

由“土专家”向以大学生为主的专业技术与管理人员过渡，发展现代农业要求构建繁荣有序、具有明显现代农村社会特征的，提高农业生产的现代化、农产品的市场化，提高农村社会的组织性和社会化程度，以改善和提升农村生产状况现代化、市场化、社会化必然要求专业化，现代农业发展对基层队伍提出了更专业的岗位能力要求。

（2）思想道德素质高的文明型农民。在思想方面，新型农民应树立集体主义观念和现代思想观念，具有市场意识、竞争意识和创新意识，拥有一定的理想信念；在道德方面，新型农民应符合社会公德、家庭美德等道德规范，能够继承和发扬尊老爱幼、勤劳朴实等优秀农村道德传统。

（3）民主法制意识强的民主型农民。在民主方面，新型农民应具有较强的政治参与意识、自我表达意识、自我管理意识以及主人翁意识，积极主动地参与民主选举、民主决策、民主管理和民主监督；在法制方面，新型农民应树立法制观念，自觉地学法、懂法、守法，并能主动拿起法律武器维护自身合法权益。

（4）对新型农民的要求由偏重专能到注重统筹。现代农业发展面对的是更深层次、更复杂、关系到全局的发展问题，涉及粮食安全、产业调整、生态建设、社会事业发展、可持续发展等多个互相关联而又互有一定独立性的方面。这对参与建设的新型农民提出了更高更综合的素质要求，他们不仅能领导其他农民群众增收致富、搞好经济建设，还要具备对眼前利益与长远发展、局部经济利益与综合社会效益、城市发展与全国大局的统筹把握能力、理解能力，能前瞻、能深入、能兼顾和统筹，搞好现代农业生产。

二、职业农民与传统农民的区别

职业农民与传统农民的区别在于传统农民种地只知道如何把地种好，而今天的农民不能仅仅是把地种好，最重要的是把地里的产品卖好，求得一个好收成。按照收成的需求种地是职业农民最重要的专业素养。这也就是为什么现在很多农民感叹自己突然不会种地的道理。所以，传统农民向专业农民转变必须做到从面向黄土到面向市场。

面向市场的转变，对传统的农民来说可能是非常困难的，因为，从整体情况看，农民对市场的不适应还非常明显。

第二节　新型职业农民农机操作手职业道德

农机操作手是指驾驶农用拖拉机或者操作农用机械的人。他是农业生产的主力军，最终生产出来的产品是满足人民生活必须的农产品，因此，要求农机操作人员要具备一定的职业道德。

一、热爱本职，敬业爱岗

热爱自己的职业，全心全意为人民服务反映了职业工作者对职业价值的正确认识和对职业的真挚感情，也是社会主义道德原则在职业道德上的集中表现。正因为如此，在各行各业的职业道德规范要求里，都把热爱本职、敬业爱岗作为一项根本内容。

二、忠于职守，勤恳工作

忠于职守，就是要忠诚地对待自己的职业、岗位工作；勤恳工作，就是要求每个人，不论从事什么职业，都要在自己的岗位上兢兢业业地工作，全心全意地做好工作，为社会主义现代化建设事业服务。社会职业千差万别，不管干哪一行，都是相互平等的。

三、钻研业务，精益求精

社会主义职业道德不仅要求人们热爱本职工作，而且还要求在职人员努力掌握和精通本行业的专业和业务。特别是在当今世界新技术革命挑战面前，更要求人们刻苦钻研本职业务，对技术精益求精，这是做好本职工作的必备条件。

四、关心集体，团结互助

任何一个行业的工作，都要靠全体成员的共同努力和行业间的互相支持。个人的努力是集体发展的基础，但只有把每个人的努力有机地结合在一起，才能完成集体的任务。行业内部的人与人之间、集体与集体之间，以及行业与行业之间的团结、互助、谅解、支援是职业实践本身的需要，也是职业道德的重要内容。

五、遵纪守法，维护信誉

作为国家的公民，人人都要维护社会的生产秩序、生活秩序和工作秩序，养成遵纪守法的好风尚。同时，又要自觉抵制腐朽思想的侵袭，不搞行业不正之风。遵纪守法，就是要遵守国家的法律、法令和政策以及本单位的规章制度和劳动纪律。

第三节　农业机械的用途及分类

农业机械是指在作物种植业和畜牧业生产过程中，以及农、畜产品初加工和处理过程中所使用的各种机械。农业机械化是现代农业的物质技术基础，是农业现代化的重要内容和标志。

农业机械化是农村先进生产力的标志，是改造传统农业，发展农村经济，全面建设小康社会的重要途径。

一、农业机械的用途

1. 农业机械极大地提高了农业劳动生产率和商品率

农业机械（包括动力机械和作业机械）没有人力、畜力那种生理条件的限制，以人畜力无法比拟的大功率、高速度、高质量进行作业，从而大幅度地提高了劳动生产率，另一方面，这种机械化农业广泛实行了专业化和社会化生产，它意味着几乎卖出全部农产品，也全部买进所需要的生产资料和生活消费品，包括种子、肥料和食品等，因而农产品商品率也相应提高。

2. 农业机械是提高土地产出率与资源利用率的重要手段

现代农业机械不仅功率大、速度快，还能够同时进行几种作业的联合作业，有利于抢农时、争积温、抗灾害、降成本，而且它的结构和功能可以根据需要设计制造和调节，以完成高精度的作业，做到“定时、定量、定质、定位”作业。如深耕深松、种子精选、精量播种、化学除草、喷药治虫、深施化肥、喷灌、滴灌等，这些机械作业质量非人工可比，成为实现现代农业技术措施的手段。

3. 降低了农业生产的劳动强度，缓解了劳动力短缺的矛盾

随着我国人口城镇化程度加快，青壮年劳动力结构性短缺，农业劳动力成本持续提高的情况下，农业机械的发展，特别是大型农业机械从播种到收割全过程服务实行之后，降低了农业生产的劳动强度，彻底解决了以往外出务工农民农忙季节返乡务农的后顾之忧，既节约了期间的路费支出，增加了相应的收入，更主要的是对农民外出就业的促进意义重大。

4. 农业机械的利用起到保护环境的作用

低排放、低噪音、低震动的农用动力，农村新能源和农业循环经济等农业机械的开发利用，有利于环境保护。联合收割机将稻草粉碎还田，可以解决农作物秸秆焚烧问题，并可以增加土壤有机质含量。喷滴灌深施化肥和液态肥可以免除化肥散施造成的环境污染。新颖农业机械生产还可以打破犁底层，增强土壤的通透性，有效改善土壤的团粒结构，促进地下水位上移，提高土壤的能力。

另外农业机械还促进了农业新技术的发展，推动了农业的社会化和商品化生产。我们只有对现代农业装备和农业机械及其作用有了全面、正确和科学地认识，并且认识随着时代的发展与时俱进，才能始终树立正确和科学的思想观念，才能指导农机事业沿着正确的道路发展，并将其推向高潮，从而走向成功。

二、农业机械的分类

广泛意义的农业机械，其范围较大，种类较多，可以说凡是农、林、牧、副、渔业生产过程中所用的各种机械，统称为农业机械。一般可按以下 4 种方法分类。

（1）按农业机械作业性质可分为农田耕作机械、收获机械、

场上作业机械、农副产品加工机械、排灌机械、植保机械、装卸运输机械以及畜牧、林业等其他机械。

（2）按动力可分为人力机械、畜力机械、机力机械及风力机械等。

（3）按耕作制度分为平原旱作机械、水田机械、山地机械及垄作机械等。

（4）按用途及农业生产过程分类，由农业部农机试验鉴定总站和农业部农业机械维修研究所共同起草，农业部审查批准的《农业机械分类》农业行业标准（NY/T 1640—2008）于2008年7月14日正式发布实施。按用途及农业生产过程规定了农业机械（不含农业机械零部件）的分类及代码。本标准适用于农业机械化管理中对农业机械的分类及统计，农业机械其他行业可参照执行。该标准采用线分类法对农业机械进行分类，共分大类、小类和品目3个层次，并规定了各自的代码结构及编码方法。标准中规定，农业机械共分14个大类，57个小类（不含“其他”），276个品目（不含“其他”）。具体如表1－1所示。

表1－1　农业机械的分类

大类	机具大类类别名称	名称代码示例
01	耕整地机械	铧式犁 010101 圆盘耙 010203 深松机 010111 旋耕机 010105
02	种植施肥机械	免耕播种机 020108 施肥机 020401 地膜覆盖机 020501
03	田管植保机械	中耕机 030101 机动喷雾喷粉机 030203 手动喷雾器 030201
01	收获机械	自走轮式谷物联合收割机 040101 自走式玉米收获机 040202 割捆机 04 0109
05	收获后处理机械	玉米脱粒机 050102 粮食烘干机 050401
06	农产品初加工机械	碾米机 060101 磨粉机 060203

（续表）

大类	机具大类类别名称	名称代码示例
07	农用搬运机械	农用挂车 070101 农业运输车辆 070103
08	排灌机械	离心泵 080101 喷灌机 080201 微灌设备（微喷、滴灌、渗灌）080202
09	畜牧水产养殖机械	青贮切碎机 090101 铡草机 090102 挤奶机 090301 增氧机 090401
10	动力机械	手扶拖拉机 100102 履带式拖拉机 100103 25 马力（不含）以下轮式拖拉机 100105 25 马力（含）至 80 马力（不含）轮式拖拉机 100106
11	农村可再生能源利用设备	风力发电机 110101 太阳能集热器 110301 沼气灶 110402 秸秆气化设备 110403
12	农田基本建设机械	挖掘机 120101 挖坑机 120103 推土机 120101
13	设施农业设备	卷帘机 130102 保温被 130103 加温炉 130101 苗床 130306
14	其他机械	废弃物料烘干机 110102 卷扬机 110301 绞盘 1 巧 0302 计量包装机 110201

分类中大类确定的原则主要是要考虑尽可能与《农机具产品型号编制规则》（JB/T 8574—1997）中农机具产品的大类及其代号不冲突，同时又适应农业机械产品发展新需要。根据实际发展需求，标准中新增“动力机械”、“农村可再生能源利用设备”、“农田基本建设机械”和“设施农业设备”4 个大类。在同一大类中，按产品特性、作业功能或作业对象划分，将所有农业机械产品划分为耕地机械、整地机械、播种机械等 57 个小类。结合农业结构调整的需要，对于可以按作物对象划分，也可以按产品特性和作业功能划分的，则以作物对象划分为主，为制定支持农业关键环节的相关政策提供支持。对于每一小类，标准列举了若干品目。在广泛调研和参考相关资料的基础上，品目里尽量收集了现阶段主要的农业机械产品。对于特殊农业机械产品及新增机

具，在小类及各小类的品目中设立了带有“其他”字样的收容项，并用数字尾数为“99”的代码表示。

三、农机具型号

每台农业机械都有自己的型号，它表明了该机械的类型、主要特征和基本性能。产品的编号与命名是按 1998 年 1 月 1 日开始实施的 NJ89—1974《农机具产品型号编制规则》修订标准来确定的。产品全称包括产品牌号、产品型号和产品名称 3 部分。具体说明如下。

1. 产品牌号

产品牌号主要用于识别产品的生产单位。产品牌号可用地名、物名和其他有意义的名词命名，列于产品名称之前。产品转厂生产时，牌号可以改变，型号不得改变。

2. 产品名称

产品名称应能说明产品的结构特点、性能特点和用途。产品名称应简明、通俗、易记。产品名称一般应由基本名称和附加名称两部分组成。

基本名称表示产品的类别。

示例：犁、耙、播种机、碾米机。

附加名称用以区别相同类别的不同产品，应列于基本名称之前。

示例：圆盘耙、背负式喷雾器。

3. 产品型号

产品型号由汉语拼音字母（以下简称字母）和阿拉伯数字（以下简称数字）组成，表示农机具的类别和主要特征。

产品型号依次由分类代号、特征代号和主参数 3 部分组成，分类代号和特征代号与主参数之间以短横线隔开。

分类代号由产品大类代号和小类代号组成。

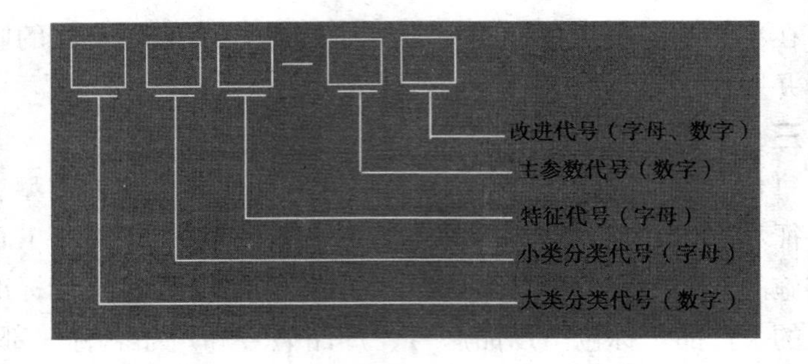

①大类代号：由数字组成，按表1－2的规定。

表1－2　农机具产品大类代号

机具类别和名称	代号	机具类别和名称	代号
耕耘和整地机械	1	农副产品加工机械	6
种植和施肥机械	2	运输机械	7
田间管理和植保机械	3	排灌机械	8
收获机械	4	畜牧机械	9
脱粒、清洗、烘干和贮存机械	5	其他机械	(0)

属于其他机械类的农机具在编制型号时不标出“0”。

②小类代号：以产品基本名称的汉语拼音文字第一个字母表示。为了避免型号重复，小类代号的字母必要时可以选取汉语拼音文字的第二个或其后面的字母。如犁用L、播种机用B、收割机用G等。

③特征代号：由产品主要特征（用途、结构、动力型式等）的汉语拼音文字第一个字母表示。为了避免型号重复，特征代号的字母，必要时可以选取汉语拼音文字的第二个或其后面的字母。与主参数邻接的字母不得用“I”、“O”，以免在零部件代号中与数字混淆。需要注意：为简化产品型号，在型号不重复情况

下，特征代号应尽量少，个别产品可以不加特征代号。

④主参数代号：用以反映农机具主要技术特性或主要结构的参数，用数字表示。

⑤改进代号：改进产品的型号在原型号后加注字母“A”表示，称为改进代号。如进行了几次改进，则在字母“A”后加注顺序号。

示例：2B－16A1 播种机，则表示是进行了第一次改进。

编制联合作业机具或多用途作业机具的型号时，应将其中主要作业机具的类别代号列于首位，其他作业机具的代号作为特征代号列于其后。

示例：播种施肥机型号为 2BF－XX（B——播，F——肥，XX——行数）

现在就以 1LYQ－722 型号为例，对它所代表的含义说明如下：

1L 表示机具的类别。数字 1 表示机具的分类号，1 表示耕耘和整地机械，按标准，农机汉语拼音字母 L，为耕整地机械的类别号，它以该产品的基本名称的汉语拼音字头来表示，L 是“犁”字的汉语拼音字头。YQ 是产品型号的第二部分，它是产品的特征代号。汉语拼音字母 Y，表示该机的工作部件是圆盘，Y 是“圆”字的汉语拼音字头。汉语拼音字母 Q，表示该机的工作部件为驱动式，Q 是“驱”字的汉语拼音字头。标准规定，从动式的工作部件不标字母。722 是产品型号的第三部分，它表示机具的主参数。它也分为两部分：其中，7 表示工作部件的个数为 7 个；后两位 22，表示单个工作部件的耕幅为 22cm。所以1LYQ－722，表示这是一台驱动圆盘犁，总耕幅宽为 154cm。

产品全称包括产品牌号、产品型号和产品名称 3 部分。

示例：丰收牌 2B－24 谷物播种机。

第四节　农机的选购

一、整机质量的鉴别方法

随着农村农业机械化程度的不断提高，广大农民对优质、合格的农机产品的需求也越来越强烈。如何才能准确地辨别农机产品的优劣、真伪呢？

（一）假冒产品的表现形式

1. 假标志

产品冒用、伪造其他企业的商标、标志，误导用户，达到假冒的目的。通常在结构比较简单、加工制造容易的主机和零部件中多见，如旋耕机刀片、粉碎机锤片、筛片等。这些产品在外观、尺寸、油漆色泽等方面差异较大。

2. 假包装

在产品上不做明确的企业标志，冒用他人特有的名称、包装装潢，以达到假冒的目的。这种情况主要发生在农机具的零配件当中，如柴油机的连杆、曲轴、喷油嘴等。

3. 假证书

将获证产品的推广许可证、生产许可证、产品认证标志、获奖证书等标志，粘贴在未获证的产品上；伪造他人的许可证或认证文件，诱导和欺骗用户。

4. 假广告

企业做产品虚假广告的比较多。一是给自己产品的工作原理打上“高科技”“新技术”“新产品”的旗号；二是夸大产品的适用范围、销售区域和销售量；三是夸大产品的使用功能；四是在广告词上有提醒用户怎样识假、防假的字眼，达到取得用户信任的目的。实际上这些产品的质量都无法保证。

（二）如何鉴别假冒农机产品

简单地讲，可以从以下 3 个方面进行辨别。

1. 看农机产品的标识

目前市场上销售的农机产品，基本上为整机出售或配件拆零销售两种方式。整机出售的合格的农机产品，其包装标识有中文的产品名称、生产厂名和厂址（包括联系电话）；包装内应有产品质量检验合格证、使用说明、产品三包方式、维修地址及介绍产品使用和维护、注意事项。

包装的装箱单应列明随机工具、附件、备件等。而假冒伪劣农机产品虽也有产品名称，但没有生产厂名和厂址；有些产品外包装上的标识与产品上的铭牌标注不符，或没有产品合格证及使用说明等。

另外，对一些实行生产许可证制度的产品，如拖拉机变型运输机、电动脱粒机等，还必须检查其是否具备生产许可证及其编号，并可向有关主管部门查询其真伪。

拆零销售的农机配件包装，可以通过察看其总包装上是否有完整的产品质量标识及说明进行判定。

2. 看农机产品的外观质量

合格的农机产品的表面涂漆均匀，没有明显的起皱和流挂。各零部件无缺损，铆钉、螺栓等连接齐全、可靠。铸锻件表面光洁；冲压件平整，无皱纹、拉痕、裂纹等缺陷；焊接件牢固、焊点布局合理、焊缝光洁、平整，没有焊洞、漏焊、开焊、裂纹、夹渣、气孔、虚焊等现象。

3. 检验农机产品的内在质量

农民朋友在选购时，可通过机械的现场演示，对照检查其主要技术参数来判断其内在质量。对于一些在现场无法判定的或有质疑的农机产品和配件，可到本地技术监督部门，依据国家或企业标准对整机进行性能检测或可靠性试验，通过检验及配件的性能参数和几何参数，以及尺寸精度检验、材质分析、物理化学性能检测等，即可判定产品是否合格。

二、零配件质量鉴别方法

（一）如何辨别农机配件质量

农民朋友在购置机械，在维修、更换农机配件时，最头疼的就是用了伪劣农机配件，不光易损毁，费时费工而且耽误机械正常作业，因此提醒农民朋友在选购农机配件时千万马虎不得。现就选购农机产品配件时注意的事项告知如下。

（1）有无产品合格证：合格产品均有国家质量技术监督部门鉴定合格后准予生产出厂的检验合格证、说明书，以及安装注意事项。若无，多为假冒伪劣产品。

（2）规格型号：在选购配件时，要观察规格型号是否符合使用要求。有些从外观看相差无几，但稍不注意买回去就不能用。

（3）有无装配记号：合格产品装配标记都非常清楚、明显。如齿轮装配记号、活塞顶部标记等应完好清晰。没有标记和标记不清的绝对不能选用。

（4）有无锈蚀：有些零配件由于保管不善或存放时间过长，会出现诱蚀、氧化、变色、变形、老化等现象。若有以上情况不能购买。

（5）有无扭曲变形：如轮胎、三角皮带、轴类、杆件等存放的方法不妥当，就容易产生变形，几何尺寸达不到使用规定要求，就无法正常使用。

（6）有无裂纹：伪劣产品从外观上查看，光洁度较低，而且有明显的裂纹、砂孔、夹渣、毛刺等缺陷，容易引起漏油、漏水、漏气等故障。

（7）有无松动、卡滞：活动连接处用手调节，看有无松动、卡滞。合格产品，总成部件转动灵活，间隙大小符合标准。伪劣产品不是太松，就是转动不灵活。

（8）外观：厂家原装产品，表面着色处理都较为固定，均为规定颜色。而有的配件颜色不一致，可能是返修或有其他问题。一般有经验的人从外观上一眼就可看出真假。正规厂家的合格产品外观处理得较好，而假冒伪劣产品为了降低成本而减少处理工序，外观质量不好，手感很粗糙。

（9）外表包装：合格产品的包装讲究质量，产品都经过防锈、防水、防蚀处理，采用木箱包装，并在明显位置上标有产品名称、规格、型号、数量和厂名。部分配件采用纸质好的纸箱包装，并套在塑料袋内。假冒伪劣产品包装粗糙低劣。有些伪劣产品为了逃避售后“三包”服务，往往不会在产品包装上注明详细厂址或联系方式。而假冒产品的商标标志一般“形似神不似”，尤其防伪标志更是如此。注意到这些细节也能简便辨别。

（10）商标和重量：购买农机产品和配件时，一定要有商标意识，选择国优、部优名牌产品。选购配件时，先用手掂量，伪劣配件大都偷工减料，重量轻、体积小。

（11）价格：一般说来，为抢占市场，假冒伪劣产品会主动降低价格。如同规格的花键轴在价格上有成倍的悬殊，检验不合格产品的价格是合格产品的1/3。所以，购买时要多问几家，若价格悬殊较大，应慎重选择。

（12）硬度：硬度是衡量农机零配件的一个重要指标。购买时不可能拿硬度计测试，但可随身携带锉刀锉削测试。像花键轴如没进行规范的热处理，用锉刀锉削会粘锉刀；相反，热处理过的则只能锉下碎屑，且感觉较难锉削。

（二）农机常用零配件真伪的判断方法

（1）轮胎：合格的轮胎外胎两侧面都有商标、型号、规格、层数和帘线材料等标识，且清晰、醒目，有的还印有生产号和盖有检验合格章；内胎表面应光洁有亮度，手握有弹性。若外胎表面标识不全或模糊，内胎无光泽，胎体薄且厚度不均，手握无弹性，则为次品。

（2）螺纹件：合格品外表应光洁无锈蚀，无缺陷，螺纹连续，无毛刺，无裂纹。将被试件与标准的配件旋合在一起，应能旋到终端，且在旋进过程中无卡滞现象；旋合后扳动连接件应无晃动和撞击声，若螺纹件有锈蚀、裂纹、毛刺等缺陷，旋合后扳动连接件会晃动，则为劣质品。

（3）齿轮：合格的齿轮包装应完好，齿面和花槽面应光滑无切削痕迹、无毛刺，并涂有防锈油或打蜡，齿轮侧面一般都有代号钢码；用钢锯条的断茬划齿轮的工作面，应无划痕或仅有较细的划痕。若齿轮面有毛刺、切痕、锈蚀，挫划时有屑末和划痕（硬度不足），则质量较差，不要购买。

（4）轴承：合格的滚珠轴承，是用优质轴承钢制成的，其内外环及保持架在擦去防锈油后应光亮如镜，手摸时应如玻璃般平滑细腻；外环端面上应刻有代号、产地及出厂日期等标识，且清晰显眼；保持架间的铆钉铆接应均匀，铆钉头正而不偏。用手支承内环，另一手打转外环，外环应能快速自如地转动，然后逐渐停转；在外环上做记号，每次停转时，记号停止位置应都不一样；两手分别捏住内外环，使之在径向和轴向上做相对移动，应无间隙感，较大的轴承方可感觉出间隙，但应无金属撞击声。

在完成上述检查并决定购买后，可进行硬度试验（与商家先商定好，如硬度不符合要求则退货）：用锉刀或钢锯条的断茬去锉或划轴承的外环及内环，应发出“咯咯”声且无屑、无划痕或仅有不明显的细痕。若轴承有标识字迹模糊，外观无光泽，晃动有间隙，外环在同一位置旋转，锉划时有屑末或划痕、保持架锈渍等现象，说明轴承质量不合格，不要购买。

（5）油封：合格的橡胶油封表面应平整光滑，无缺损变形，侧面有代号、规格及生产厂家等标识，油封的整个圆周上刃口形状、厚度应一致，与配套件试装时，刃口在轴颈上应严密贴合；带骨架的油封形状应端正，端面呈正圆形，能与平板玻璃表面贴合无挠曲；无骨架油封外缘应端正，手握使其变形，松手后能恢复原状；带弹簧的油封，弹簧应无锈蚀，无变形，弹簧紧扣在唇口内无松弛；若油封有外形不正、缺损、弹性减弱、唇口厚薄不均、缺簧锈蚀等现象，说明质量不合格，不要购买。

（6）V 带：合格的 V 带表面光滑，接头胶接无缝。外圆周上有清晰的商标、规格、厂家名称等标识，同一型号的 V 带的长度应一致。若 V 带外观粗糙，胶接头不平或开口，边缘有帘线头露出，无标识或标识字迹模糊，各 V 带长短不一，说明其为伪劣品。

（7）V 带轮：合格的 V 带轮表面无气孔、裂纹，带槽光滑；V 带扣住带槽时，V 带略高出槽口且 V 带底部不予槽底接触；若发现轮槽气孔等缺陷，槽面形状与合格的 V 带不配套，则为劣件。

（8）链条：商品链条都涂有防锈油，附有合格证；连接板光滑、无毛边且呈黑色，销子两端铆痕均匀，部分连接板上印有牌号。将链条摆在玻璃板上（销轴垂直），用两个手指夹住链条中部慢慢上提，当链条两头开始离开玻璃面时，停止上提，这时链条中部离玻璃板应在 10mm 以下，否则说明间隙过大。

（9）活塞环：合格件表面精细光洁，无制造缺陷，无扭曲变形、弹性好；用钢锯条的断茬划活塞环的棱角时，环的棱角无破损现象。若活塞环无弹性，表面粗糙，棱角有破损，则说明活塞环质量差。

(10) 滤清器：合格的滤清器滤纸微孔间隙在0.04～0.08mm，滤纸排列有序，质硬坚挺，吸油后不变形；滤芯中心管的材料为优质钢，上面的网孔大小适中，经得起油压，不易变形。若滤纸较软，装排无序，网孔大小不一，滤纸与上下接盘接不牢，说明质量不佳。

第五节　农业机械油料的选用

油料在农业机械中广泛使用，它是农业机械的动力来源和安全运行保障。在生产中，油料费用占机械作业成本的25%～35%，同时油料的性能和品质直接影响农机的技术状态和使用寿命。所以熟悉油料的分类、品质与牌号，正确地选用油料，对降低机械作业成本，增加农机作业收益具有重要意义。

一、农机常用油料的分类

农业机械常用的油料有柴油、汽油、润滑油（机油、齿轮油、润滑脂）、液压油。

二、农机常用油料的使用

（一）柴油

据近几年统计资料表明，全国农业生产一年要用近一千万吨柴油。随着农机化事业的发展，农用动力还将增加，所以农业是全国消耗柴油最多的一个部门。

1. 柴油的性能指标

①黏度：常温下柴油的稠稀程度和流动性的指标。黏度大，流动困难，雾化质量差，与空气混合不均匀，燃烧坏，冒黑烟；黏度低，柱圈密封不好，易渗漏，形不成油膜，零件易磨损。

②凝点：油料失去流动性的温度，当温度下降到使柴油失去流动性而凝固时的温度点称凝点。为了使发动机在低温时正常运

转，要求柴油有较低的凝固点。我国规定以凝固点作为柴油的牌号。

③馏程是测定柴油蒸发性能的指标之一，常以规定温度下馏出的容积百分数表示，或馏出的容积百分数下的温度表示，对柴油来说，由于柴油混合燃烧时间很短，蒸发性不好，就来不及蒸发，燃烧不完全，所以高速柴油机采用馏程低的轻柴油，低速柴油机则选用重柴油。

④十六烷值是评定柴油在燃烧过程中粗暴性程度的重要指标。十六烷值愈高，自燃着火温度则低，着火容易，但十六烷值不能太高。当大于 65 时发动机反而冒黑烟，油耗增加。所以，柴油的十六烷值一般规定在 40～60。

⑤闪点在规定条件下加热油料。它的蒸气与空气混合后当接触火焰后有闪光发生。这时油的温度称为闪点。闪点的高低表示油料在高温下的安定性。

另外柴油还有腐蚀性、积炭性和结胶性等。只有了解了柴油的性能指标，才能正确选用柴油的牌号。

2. 柴油的牌号

柴油的牌号是以凝固点来表示的。在我国目前农业机械中规定使用的柴油有 0 号、10 号、20 号、35 号和农用 20 号等。它们的凝固点分别为 0℃、－10℃、－20℃、－35℃、＋20℃，选用时根据当地的气候条件而定。

3. 柴油的选用

柴油的选用主要依据农业机械使用的环境温度和经济性。为了保证柴油发动机正常工作，应根据不同地区和季节选用不同牌号的柴油，由于凝固点低，价格高，一般选用柴油时要求柴油的凝固点比该季节的最低气温低 3～5℃，如气温在－12℃时可选用－20 号轻柴油。具体选用可参照表 1－3。

表 1-3 轻柴油牌号的选用

油品号	适用范围
10 号	拖拉机及高速柴油机在气温高于 13°C 的地区和季节使用
0 号	适用于全国各地区 4~9 月份、长江以南地区冬季使用但气温不得低于 3℃
-10 号	适用于长城以南地区的冬季使用
-20 号	适用于黄河以北地区的冬季使用
-35 号	适用于气温不低于 -32C 的严寒地区使用

（二）汽油

1. 汽油的性能指标

汽油的性能指标包括辛烷值、馏程、饱和蒸气压等。

①辛烷值是衡量汽油抗爆性能的指标。辛烷值越大，抗爆性能愈好。为了提高汽油的辛烷值。可用铅作催化剂加入汽油。

②馏程指油料在规定温度下的沸点。一定温度范围内蒸发成分的百分比是评定油料蒸发性能的指标。如果油料的 50% 馏出温度低，说明这种油料蒸发性好，如果油料的 90% 馏出温度低，则重质馏分含量少，可减少燃烧时的积炭。

③饱和蒸气压是测定汽油蒸发性能不可少的指标之一。通常蒸发性能大的汽油蒸发性较强，但过大则容易形成气阻，堵死进油管。因此规定汽油的蒸气压不得大于 500mm 汞柱，则我们将蒸发性大而又不易形成气阻的蒸气压称饱合蒸气压。

2. 汽油的牌号

农机汽油机使用的是车用汽油牌号，按辛烷值的高低划分为 66、70、75、80、85 五个牌号。数字表示汽油的辛烷值，它是汽油抗爆燃能力的指标。

3. 汽油的选用

农机所用汽油主要要求具有必要的抗爆性，良好的蒸发性和可靠的供给性。选用汽油时，主要依据发动机压缩比的高低，压缩比较高的发动机，应选用辛烷值较高的汽油。反之，压缩比较低的发动机，则选用烷值较低的汽油。汽油的牌号越高，价格也越高，如选用不当，就会造成浪费，且增加成本。合理选用汽油可参照表1－4。

表1－4 汽油牌号的选用

发动机压缩比	6.20以下	6.20～7.0	7.0以上
选用汽油牌号	66	70	85
适用范围	小型汽油机	农用汽油机	大型汽油机

（三）润滑油

润滑油是用来减少机器中相互摩擦零件表面的磨损和摩擦发热的主要油料。内燃机润滑油分为机油、齿轮油、润滑脂三种。

1．机油

（1）机油的分类与牌号。机油分柴油机机油（又称柴机油）和汽油机机油（又称车用机油）两大类。其规格和牌号有两种分级方法：

①按品质分级：机油的等级指标国际上通常使用美国石油协会（API）标准。API通常采用两个英文字母来表示，第一个英文字母代表机油适宜的发动机类别，S代表汽油机油，C代表柴油机油；第二个英文字母代表机油等级，按字母顺序的先后，第二个字母的编排越后代表品质越高。

②按黏度分级：我国内燃机油的牌号过去是按该油100℃时运动黏度的数值大小来区分确定的，如普通柴油机油按黏度分为20号、30号、40号和50号四种牌号；汽油机油有20号、30号和40号等牌号。现在新的牌号是按最大低温动力黏度、最高边

界泵送温度和100℃时最小运动黏度来划分的。国标GB/T 14906—1994将内燃机油分为单级油和多级油，单级油指冬用油或夏用油，共有0W、5W、10W、15W、20W、25W等6个低温黏度级号和20、30、40、50、60等5个100℃运动黏度级号。其中，低温黏度级号的内燃机油适用于冬天寒冷地区，100℃运动黏度级号的内燃机油适用于温度较高的地区使用。多级油指柴油机机油能满足冬夏通用要求，其牌号用一斜线将冬夏两个级号连接起来，如20W/20表示该油的低温性能指标达到冬用油的性能要求，高温黏度也符合夏用油20号的规格。

（2）机油的选用。机油的选择包括品质和黏度两种，其中，品质是首选内容，品质选用应遵照产品使用说明书中的要求选用，还可结合使用条件来选择。机油黏度等级的选用主要依据当地气温及发动机的磨损情况而选用。如气温高时，选用黏度大的柴油机机油；气温低时，选用黏度小的机油；磨损严重的发动机可选用黏度大的机油；需要注意的是，不同种类的机油不能混合使用，更不能用汽油机机油代替柴油机机油；也不允许在柴油机机油中掺入汽油机机油。

2. 齿轮油

我们通常把用于变速器、后桥齿轮传动机构的润滑油叫做齿轮油。

（1）齿轮油的种类和牌号。我国车辆齿轮油的旧分类是按照原苏联标准分类的。根据传动齿轮承受的负荷大小，齿轮油可分为普通齿轮油和双曲线齿轮油两大种类。普通齿轮油按100度运动黏度分为20、26、30号3个牌号。双曲线齿轮油按100度运动黏度分为18号、22号、26号、28号4个牌号。现在我国按质量分为3类：普通车辆齿轮油（CLC）、中等负荷车辆齿轮油（CLD）、重负荷车辆齿轮油（CLE）。品质按次序后一级比前一级高，使用场合的允许条件一级比一级苛刻。车辆齿轮油黏度分类采用美国汽车工程师学会（SAE）黏度分类法，分为70W、75W、80W、85W、90、140、250七个黏度级，其中，“W”代表冬用，SAE70W、75W、80W、85W为冬用油；无“W”字则为非冬用油，90、140均为夏用油。美国石油学会（APl）的车辆齿轮油使用性能分类法：根据齿轮的形式和负载情况对车辆齿轮油进行质量等级分类，该分类将车辆齿轮油分为GL－1、GL－2、GL－3、GL－4、GL－5、GL－6六级。

（2）齿轮油的选用。齿轮油与发动机润滑油的作用有相同之处，都是介于两个运动机件表面间，作用为减磨、防锈、冷却。但齿轮油与润滑油的工作条件相比较，工作温度不很高，油膜所承受的单位压力却很大。

齿轮油的正确选用包括：一要根据齿轮类型确定油品质量档次，一般普通齿轮传动即可用普通齿轮油；蜗轮传动时由于相对滑动速度大，发热量高需选用黏度高、油性好的齿轮油；双曲线齿轮传动的就必须选用双曲线齿轮油。若用普通齿轮油代替双曲线齿轮油，可使双曲线齿轮的寿命由原来的几十万千米缩短到几千甚至几百千米。二要根据最低使用环境温度和齿轮传动装置的运行最高温度来确定黏度等级（牌号）。一般要求齿轮油的凝点低于使用环境6～10°C。在我国北方，拖拉机用齿轮油，冬季选用20号，夏季选用30号，南方地区可全年选用30号。三要根据工作环境确定油品质量档次。大体上来说，齿轮加工精度高的，可选用黏度较小的齿轮油，反之，齿轮加工粗糙、啮合间隙大时，应选用黏度高一些的；齿轮暴露在外、无外壳密封时，齿轮油容易被挤出或甩掉，因而要选用黏度高一些的齿轮油。

3. 润滑脂

润滑脂又称黄油，稠厚的油脂状半固体。用于机械的摩擦部分，起润滑和密封作用。也用于金属表面，起填充空隙和防锈作用。主要由矿物油（或合成润滑油）和稠化剂调制而成。常用的有钙基、钠基、复合润滑脂三种。

农用机械用的润滑脂的正确选用：

（1）钙基润滑脂是由机油、动植物油和石灰制成的稠密的油膏，一般呈黄色或黑褐色，结构均匀软滑，易带气泡，它具有良好的耐水性，沾水不会乳化，适用于与水分或潮气接触的机件润滑。由于它用水做稳定剂，耐热性差，当使用温度超过规定值时就会失水，使润滑脂的结构破坏，所以它不耐高温，通常不超过70℃。适用于汽车、拖拉机和各种农业机械轴承及其他润滑。钙基润滑脂根据其针入度的大小又分为五个牌号，其代号分别为ZG－1、ZG－2、ZG－3、ZG－4和ZG－5。号越大，针入度越小，脂越硬。1号适用于温度较低的工作条件；2号适用于轻负荷且温度不超过55℃的滚珠轴承；3号适用于中负荷、中转速且温度60℃以下的机械摩擦部分；4号、5号适用于温度在70℃以下的重负荷低速机械的润滑。例如中小功率柴油机的冷却水泵轴承的润滑、农用水泵轴承加以注4号钙基润滑脂为最合适。在加注这种润滑脂时，要注意不能加热熔化注入，也不能采用向润滑脂内加其他润滑油的办法来降低其稠度，正确的注入方法是用油枪、刮刀或用手指抹入轴承腔内。

（2）钠基润滑脂由机油和肥皂混合而成，主要特点性能是：颜色由黄到暗褐，甚至黑色，结构松，且呈纤维状软膏，拉丝很长，粒性较大，耐热性能好，熔化后也能保持润滑性。但亲水性强，遇水后被溶解即失效，所以不能用于与水接触和安装在潮湿环境中的机械轴承上。钠基润滑脂按针入度分为ZN－2、ZN－3、ZN－4三个牌号。2号和3号适用于温度不高于115℃的摩擦部分，但不能用于与水接触的部位；4号适用于温度不高于135℃的摩擦部分，也不能用于有水或潮湿的部位。钠基润滑脂一般用于转动较快，温度较高的中型电动机、发电机和汽车、拖拉机的发电机、磁电机的轴承上。

（3）钙钠基润滑脂为混合皂基润滑脂，这种润滑脂的性能介于钙基和钠基两种润滑脂之间，颜色为黄白色，微呈粒状，结构松软，不光滑，不黏手的软膏状，分为 ZGN－1 和 ZGN－2 两个牌号。其耐水性比钠基润滑脂强，耐高温性强于钙基润滑脂。适用于高温下工作的轴承润滑，其上限工作温度为 100℃。一般用于工作温度不超过 100℃的机械润滑部位上，不能用于低温和与水接触的润滑部位上。轴承加注润滑脂，均只能给轴承腔内加注 1/2 或 1/3 的容量，不能装脂过多。否则会使轴承发热，起动困难。

总之，根据环境条件和工作特点对油料正确的选用，不仅可以提高工效、降低生产成本，防止事故发生，使农业机械在生产过程中充分发挥作用，达到优质、高效、低耗、安全，而且可以延长机器使用寿命。

4. 液压油

（1）液压油的分类和牌号。用于流体静压（液压传动）系统中的工作介质称为液压油，而用作流体动压（液力传动）系统中的工作介质则称为液力传动油，通常将二者统称为液压油。液压油的黏度分级，液压油黏度新的分级方法是用 40℃运动黏度的第一中心值为黏度牌号，共分为 8 个黏度等级：10、15、22、32、46、68、100、150。液压油的质量分级，普通液压油（HL）、抗磨液压油（HM）、低温液压油（HV、HS）、抗燃液压油（HFAE、HFB、HFC）等。普通液压油（HL）适用于中低压液压系统，牌号有 HL32、HL46、HL68；抗磨液压油适用于高压、使用条件苛刻的液压系统，牌号有 HM32、HM46、HM68、HM100、HM150 等，拖拉机、联合收割机、工程机械应选用此种液压油。

（2）液压油的选用方法。在通常情况下，选用液压设备所需使用的液压油，应从工作压力、温度、工作环境、液压系统及元件结构和材质、经济性等几个方面综合考虑和判断，分述如下：

①工作压力：液压系统的工作压力一般以其主油泵额定或最大压力为标志。按工作压力选用液压油，如表 1－5 按液压系统和油泵工作压力选液压油。

表 1－5　按液压系统和油泵工作压力选液压油

压力	<8MPa	8～16 MPa	>16MPa
液压油品种	L－HH、L－HL 叶片泵用 HM	L－HL、L－HM、 L－HV	L－HM、L－HV

②工作温度：液压系统的工作温度一般以液压油的工作温度为标志。按工作温度选用相应的黏度牌号，在严寒地区的机械宜选用低温液压油。

③工作环境：当液压系统靠近 300℃ 以上高温的表面热源或在有明火场所工作时，就要选用难燃液压油。

如已确定选用某一牌号液压油则必须单独使用。未经液压设备制造厂家同意或没有科学依据时，不得随意与不同黏度牌号液压油，或是同一黏度牌号但不是同一厂家的液压油混用，更不得与其他类别的油混用。

三、农机常用油料识别

农机常用的几种油料，可以通过色、味、手感等一些经验方法进行品种的识别。

1. 轻柴油

茶黄色，有柴油味。用手捻动时，光滑有油感。装入无色透明玻璃瓶中（约2/3高度），摇动观察，油不挂瓶，产生的气泡小，消失稍慢。可通过测定凝固点的方法确定其牌号。

2. 柴油机油

绿蓝到深棕色，刺鼻味。较柴油黏稠，沾水搅动稍乳化，能拉短丝。装瓶摇动，泡少，难消失，油挂瓶。可通过测定其黏度的方法确定牌号。

3. 齿轮油

黑色到墨绿，焦煳味。黏稠，沾手不易擦掉，能拉丝。装瓶摇动，油挂瓶，很长时间瓶不净。可通过测定黏度的办法确定牌号。

4. 润滑脂

①钙基润滑脂呈黄褐色，结构均匀。机油味。沾水搅动时不乳化，光滑有油感，不拉丝。

②钠基润滑脂呈黄或浅褐色，结构较松，纤维状，带碱味。沾水捻动能乳化，可拉丝。

③钙钠基润滑脂呈浅黄发白色，颗粒状。机油味，沾水搅动不乳化，不沾子，稍拉丝。

④锂基润滑脂呈浅黄到暗褐色，结构细腻。沾水搅动不乳化，光滑细腻，不拉丝。

⑤在用机油的简易评定方法：发动机油在使用过程中，受到高温、氧化、燃烧废气的污染和金属的催化作用逐渐老化变质。可用斑痕法进行简易测定。具体做法：在发动机怠速工作或刚熄火后取出油样，待油温下降到20℃左右时，搅拌均匀，把一滴油样滴在水平放置的滤纸上，静置3h左右，观察斑点的扩散形成。油样滴在滤纸上后，油斑便向四周扩散，形成一个中央有深色核心的斑痕，核心周围有一圈浅色的环带。油内不溶解的杂质集中在核心，机油及其溶解物扩散到核心外边而形成环带。如果

核心较大，而且有扩散的花边，表示还有清净分散性，机油可以继续使用。如果核心很小，并且边界十分清晰，其直径不到斑痕直径的1/3，则表明机油中的清净分散剂基本消耗掉，机油的清净分散性很差，应该更换机油。也可以用斑痕法来判决新购机油的质量，核心的直径越大，环带越窄，机油的清净分散性越强；反之，机油的清净分散性较弱。

四、油料的净化与节约用油

1. 油料的净化

油料净化的技术要求可概括为严格密封、加强过滤、坚持沉淀、定期清洗、按时放油、缓冲卸油、浮子取油。

2. 节约用油

农用柴油供不应求，全国每马力配油率逐年下降，因此，要通过多种途径厉行节油：合理配备各种使用机械，根据作业需要，合理选择机型和作业方法；加强油料管理，防止丢、洒、漏、脏；推广节油设备和技术；改革耕作制度、合理轮作，减少土壤耕翻次数和耕作强度。

五、农机常用油料储存

1. 设备齐全洁净

油库一般要配有油罐、油桶、计量净化用具、装卸设备及运油车等。储运油料的设备，其数量依油点年销售量和周转次数而定。

2. 燃油不得混存

一般情况下，油料不得混存，即不同牌号、不同季节使用的油料不能互相储存。若油罐油桶不足而卸油任务紧迫时，可暂时允许同牌号、不同来源的油混存，但同牌号、不同季节使用的油料不能混存。

3. 防止杂质混入

桶装油不应露天存放，这样容易混入杂质使油料变质。汽油最好用油罐储存，以防蒸发损失。

4. 严防烟火静电

油库、油桶等现场不准有火柴、打火机等火种，不准使用明火，不准产生接触火星，防止因静电作用而引起汽油着火。

第六节　农机操作安全常识及突发情况处理

一、农机事故常见外伤及急救措施

交通事故、农机事故常见的外伤有车祸伤、颅脑外伤、脊柱伤和脊髓伤、胸部外伤、腹部外伤、四肢骨折。

（一）车祸伤

1. 车祸伤的特点

随着现代工农业、交通运输业的迅速发展，由交通事故、农机事故引起的死亡和病残发生率日趋增加。车祸伤是指交通事故、农机事故引起的人体损伤，它具有以下特点。

（1）伤残者大都为有劳动能力的青壮年。

（2）车祸伤常常是一种多发性的损伤，损伤涉及多部位、多脏器，病情重、变化快。往往在一次车祸中，一个伤员可以有单独的某一部位或脏器的损伤，也可以同时有颅脑、胸、腹、脊柱和四肢的外伤。

（3）由于车祸伤及人体多部位、多脏器，急救人员或医务人员有时会被显性的大出血或严重的错位骨折畸形所吸引，因此，很容易遗漏一些症状和不明显的体征，但却常常是严重威胁生命的损伤的诊断，如内脏破裂出血等。

（4）车祸伤的治疗有时会遇到不同部位的损伤，有不同的治疗要求，造成治疗方案相互抵触，从而造成顾此失彼。

（5）车祸伤并发症多，死亡率高。最常见的并发症有休克、感染和多脏器衰竭等，死亡率高。

2. 车祸伤的急救与处理

车祸伤的处理复杂，变化多，处理必须按不同的具体情况进行。车祸伤的现场急救处理相当关键，处理及时、正确、有效，就可减少伤残及死亡。因此，车祸伤的救治工作实际上在现场即已开始。现场急救的主要目的是去除正在威胁伤员生命安全的各种因素，并使伤员能耐受运送的“创伤”负担。

（1）伤口的止血、包扎、骨折固定和伤员的运送。

（2）抗休克。大量失血后，应及时补充有效循环血量，这是抢救成功的关键。有条件时，一面紧急处理创面，控制出血，一面立即快速补充血容量，以争取最短时间内使伤员得到处理。

（3）保持呼吸道通畅。窒息是严重多发伤最引人注目的紧急症状，如不及时处理，会迅速致死。呼吸困难的伤员，应及时清除呼吸道梗阻物（血块、脱落牙齿、呕吐食物等）或采取仰头举颏姿势，保持呼吸道通畅，亦可插入口咽通气管，必要时可做气管切开。

（4）胸部损伤的处理。胸部损伤伴有呼吸困难时，常提示有多发肋骨骨折、血胸、气胸、肺挫伤等。此时，应及时作胸腔穿刺排气、抽液或放置引流管，必要时做开胸手术。伤员胸部出现反常呼吸时，应用厚棉垫压住“浮动”的胸壁处，用胸带或胶布固定。

（5）颅脑损伤的处理。为预防和治疗脑水肿，可采用高渗葡萄糖或甘露醇进行脱水治疗，并适当限制输入液量，如一旦明确有颅内血肿，应及时采取手术治疗。

（6）腹部外伤的处理。腹部外伤在现场往往无明显的症状与体征。因此对腹部外伤的伤员，必须不断地进行症状与体征的随访，一旦明确或怀疑内脏破裂出血或穿孔，即应早期剖腹探查。

（7）颈、脊髓损伤的处理。高位脊髓损伤会累及呼吸肌功能，虽然呼吸道通畅，伤员仍有口唇及肢端的紫绀，胸壁运动微弱或消失，此时应及时做气管插管行人工呼吸或气管切开。

（8）骨折的处理。多发伤中90%以上合并有骨折，其中半数以上合并有2处以上骨折。尽早固定四股长骨骨折来解除伤员疼痛，控制休克，防止闭合性骨折变为开放性骨折，及防止神经、血管的损伤。

3. 车祸伤急救注意事项

（1）现场抢救工作应突出“急”字，威胁生命的窒息，创面大出血，胸部反常呼吸等应优先处理。

（2）四肢外伤后出血，止血带止血效果明显，但在现场急救中必须严格掌握使用指征，不合理或不正确使用，会使出血控制不满意，甚至会加重出血。一般在现场急救中，伤口加压包扎均能得到满意的止血效果。但在伤员运送中，如路途远，伤口出血量大，可使用止血带止血。

（3）切忌在伤员全身状况极差时，未经初步纠正而仓促运送医院。

（4）避免现场慌乱而造成骨折未作固定或固定无效即行运送。

（5）在运送意识障碍的伤员时，应保证呼吸道通畅，仰头举颊，清除呼吸道异物，头侧向一方或侧卧，防止呕吐物误吸。

（二）颅脑外伤

颅脑外伤是一种严重的外伤，因颅脑损伤致死者，居各部位创伤之首。

无论何种原因造成颅脑外伤，均称为颅脑外伤。它可以造成头部软组织、颅骨、脑膜、血管、脑组织以及颅神经等损伤。

1. 颅脑外伤的急救与处理

（1）伤口的止血包扎。一般头皮出血经加压包扎均可止血，有时虽经加压包扎仍不易止血，此时必须找到出血点，用血管钳钳夹后才能止血。

（2）脱水治疗。重症颅脑外伤必然继发急性脑水肿，尤其在颅内出血时，会加重脑水肿，脱水治疗是有效的对症治疗。在伴有血容量不足的病人，必须在补足血容量的同时进行脱水治疗。高渗葡萄糖、甘露醇、速尿、激素、尼莫地平等药物均可用于防治脑水肿。

2. 颅脑外伤急救注意事项

（1）在开放性颅脑外伤伤口内见到脑组织时，须用碗等容器，罩盖于伤口再行包扎，以免造成脑组织进一步损伤。

（2）颅底骨折见有鼻孔、外耳道流血或脑脊液流出时，切忌用纱布或棉花进行填塞。

（三）脊柱伤和脊髓伤

脊柱伤和脊髓伤是一种严重的外伤，有时常合并颅脑、胸、腹和四肢的损伤，伤情严重而复杂。

1. 脊柱伤和脊髓伤的急救与处理

脊柱损伤是一种严重的创伤，救治工作始于事故现场，而现场救治的关键是保护脊髓免受进一步损伤，因此，须及时发现和迅速处理危及生命的合并症和并发症。

（1）在现场迅速检查和明确诊断，包括脊柱伤、脊髓伤和合并伤。

（2）开放性脊柱、脊髓伤，应迅速包扎及伤口止血，尽量减少失血和污染，并尽快转送进行清创术。

2. 脊柱伤和脊髓伤急救注意事项

（1）脊柱骨折病人的正确搬运。正确搬运脊柱骨折病人十分重要。保持伤员脊柱的相对平直，不可随意屈伸脊柱。搬运工具应配有平直木板或其他硬物板的担架，不能用软担架。搬运脊柱损伤伤员时，要绝对禁止 1 人背或 2 人抬送，以免造成或加重脊柱畸形和神经损伤。

（2）疑有脊柱骨折的伤员处理。不可让病员活动脊柱来证实脊柱骨折，这样容易引起或加重脊髓损伤。

（四）胸部外伤

胸部外伤是一种较为严重的外伤，由于病情变化发展快，呼吸循环功能影响明显，不及时、正确、有效地处理，常危及生命。近年来道路交通事故造成胸部外伤的发生率明显增高。

胸部外伤是指胸部皮肤、软组织、骨骼、胸膜、胸内脏器及大血管的损伤。

1. 胸部外伤的急救与处理

（1）给氧、确保呼吸道通畅，以防窒息，及时清除呼吸道分泌物及异物，必要时做气管插管或气管切开。

（2）对伤口做止血包扎，有条件的做彻底清创术。

（3）止痛。可用杜冷丁、吗啡类药物止痛或做肋间神经阻滞，但在全身伤情未查清之前，不能随便使用止痛剂，否则会延误病情。

（4）如呼吸困难是由出血、气胸引起的，需及时做胸腔穿刺、排气、排液或置胸腔引流管排气、排液。

（5）开放性气胸需立即封闭胸壁开放伤口。

2. 胸部外伤急救注意事项

（1）优先处理严重威胁生命的张力性气胸、颅内血肿及腹内大出血等紧急情况。

（2）不能为了明确诊断，在伤员全身情况尚未得到改善或仍处在不稳定情况下时，做各种检查，使伤员来回往返，从而丧失了有效的抢救时间，加速伤员死亡。

（3）在胸部利器刺伤时，部分利器尚露在体表外，在现场急救时不能轻易拔出利器，否则有可能造成大出血，而在运送途中丧命。

（五）四肢骨折

骨的连续性中断为骨折。按病因分有外伤性骨折和病理性骨折，这里只说外伤性骨折。

外伤性骨折系外力作用在肢体上造成的骨折。

直接暴力：外伤暴力直接打击在骨折部位。

间接暴力：骨折部位不在暴力打击处，而是通过杠杆作用传导至骨折处。如跌倒时手撑地引起肱骨骨折。

撕脱暴力：在直接、间接暴力协同作用下引起的骨折。如突然改变体位与肌肉强烈收缩等造成肌肉和韧带附着处较小骨片的撕脱。

1. 四肢骨折的急救与处理

（1）首先处理危及生命的紧急情况，如窒息、大出血、开放性气胸及休克等，待伤员全身情况平稳后，再行骨折的处理。

（2）多发伤伴有骨折的伤员应优先处理头、胸、腹等重要脏器的损伤。

（3）及时、正确和有效地在现场进行伤口止血、包扎、固定和转送，这是减少伤员痛苦和进一步损伤的关键。

（4）止痛、疼痛可加重休克。对剧痛的伤员可适当使用止痛剂，如吗啡、杜冷丁等。但四股骨折伴有其他部位、其他脏器损伤或有颅脑外伤时需慎用或忌用。

（5）预防感染。抗菌素在创伤后越早使用效果越好。

（6）彻底清创。开放性骨折必须做到早期、彻底清创。

（7）骨折的后续治疗。复位、固定和功能锻炼。

2. 四肢骨折急救注意事项

（1）现场急救处理务必正确、有效，否则在运送途中容易发生出血，固定松动，增加伤员痛苦和进一步损伤。

（2）经固定的肢体，必须在其远端留出可供观察皮肤色泽的区域，以防肢体缺血造成不良后果。

二、四项急救技术

（一）出血与止血

人体受到外伤后，往往先见出血。通常成人的血液总量占其体重的8%来计，如一个体重为50kg的人，血液总量约为4 000 ml。当失血总量达血液总量20%以上时，便会出现头晕头昏、脉搏增快、血压下降、出冷汗、皮肤苍白、尿量减少等症状。当失血总量超过血液总量的40%时，就会有生命危险。因此，止血是救护中极为重要的一项措施，实施迅速、准确、有效地止血，对抢救伤员生命具有重要意义。

1. 出血种类及判断

（1）内出血：主要从两方面来判断：一是从吐血、咯血、便血、尿血来判断胃肠、肺、肾、膀胱等有无出血；二是根据出现的症状如面色苍白、出冷汗、四肢发冷、脉搏快而弱，以及胸、腹部有否肿、胀疼痛等来判断肝、脾、胃等重要脏器有无出血。

（2）外出血：外伤所致血管破裂使血液从伤口流出体外。它可分为动脉出血、静脉出血和毛细血管出血。区别和判断何种血管出血的方法是：①动脉出血：血液鲜红色，出血呈喷射状，速度快、量多；②静脉出血：血液暗红色，出血呈涌出状或徐徐外流，速度稍缓慢、量中等；③毛细血管出血：血液从鲜红色变为暗红色，出血从伤口向外渗出，量少。

判断伤员出血种类和出血多少，在白天和明视条件下比较容易，而夜间或视度不良的情况下就比较困难。因此，必须掌握视度不良情况下判断伤员出血的方法。凡脉搏快而弱、呼吸浅促、意识不清、皮肤凉湿、衣服浸湿范围大，提示伤员伤势严重或有较大出血。

2. 止血方法

（1）指压止血法：用手指压迫出血的血管上部（近心端），用力压向骨方，以达到临时止血目的。这种简便、有效的紧急止血法，适用于头、面、颈部和四肢的外出血。

（2）勒紧止血法：在伤口上部用三角巾折成带状或就便器材作勒紧止血。方法是将折成带状的三角巾绕肢一圈做垫，第二圈压在前圈上勒紧打结。如有可能，在出血伤口近心端的动脉上放一个敷料卷或纸卷做垫，再行上述方法勒紧，止血效果更可靠。

（3）绞紧带止血法：把三角巾折成带状，在出血肢体伤口上方绕肢一圈，两端向前拉紧，打一个活结，取绞棒插在带状的扑圈内，提起绞棒绞紧，将绞紧后的棒的另一端插入活结小圈内固定。

（4）橡皮止血带止血法：常用的止血带是一条3m长的橡皮管。止血方法：一手掌心向上，手背贴紧肢体，止血带一端用虎口夹住，留出10cm，另一手拉紧止血带绕肢体2圈后，止血带由贴于肢体一手的食、中两指夹住末端，顺着肢体用力拉下，将余头穿入压住，以防滑脱。

使用止血带应掌握使用适应证，止血带止血法只适用于四肢血管出血，能用其他方法临时止血的，不轻易使用止血带。

（二）创伤与包扎

人们在从事各种活动中，身体某些部位受到外力作用，使体表组织结构遭到破裂，破坏了皮肤的完整性，就形成了开放性伤口。平时多见创伤伤口，战时多见战伤伤口。对伤口进行急救包扎有利于保护伤口，为伤员的运送和救治打下良好的基础。

1. 包扎的目的与要求

（1）目的是保护伤口、减少感染、压迫止血、固定敷料等，有利于伤口的早期愈合。

（2）要求：伤口封闭要严密，防止污染伤口，松紧适宜、固定牢靠，做到“四要”、“五不”。四要是快、准、轻、牢，即包扎伤口动作要快；包扎时部位要准确、严密，不遗漏伤口；包扎动作要轻，不要碰撞伤口，以免增加伤员的疼痛和出血；包扎要牢靠，但不宜过紧，以免妨碍血液流通和压迫神经。“五不”是不摸、不冲、不取、不送、不上药，即不准用手和脏物触摸伤口；不准用水冲洗伤口（化学伤除外）；不准轻易取出伤口内异物；不准送回脱出体腔的内脏；不准在伤口上用消毒剂或消炎粉。

2. 包扎材料

常用的包扎材料有三角巾、绷带及就便器材，如毛巾、头巾等。

（三）骨折的固定

骨骼在人体起着支架和保护内脏器官的作用，周围伴行血管和神经。当骨骼受到外力打击发生完全或不完全断裂时，称为骨折。

1. 骨折的判断

（1）受伤部位疼痛和压痛明显，搬动时疼痛加剧。

（2）受伤部位明显肿胀，有时伤肢不能活动。

（3）受伤部位或伤肢变形，如伤肢比健肢短，明显弯曲，或手、脚转向异常方向。

（4）伤肢功能障碍，搬运时可听到嘎吱嘎吱的骨擦音。但不能为了判断有无骨折而做这种试验，以免增加伤员痛苦或招致刺伤血管、神经。

2. 骨折固定的目的

对骨折进行临时固定，可避免骨折部位加重损伤，减轻伤员痛苦，便于运送伤员。

3. 骨折固定的材料

骨折临时固定材料分为夹板和敷料两部分。夹板有铁丝夹板、木制夹板、塑料制品夹板和充气夹板；就便器材有木板、木棒、树枝、竹竿等。敷料有三角巾、棉垫、绷带、腰带和其他绳子等。

4. 骨折固定时的注意事项

骨折固定时的注意事项可归纳为：止血包扎再固定，就地取材要记牢；骨折两端各一道，上下关节固定牢；贴紧适宜要加垫，功能位置要放好。

（四）搬运伤（病）员

伤（病）员进行初步救护后，从急救现场向医疗机构转送的过程，称为搬运。

1. 搬运伤员的要求

搬运前应先进行初步的急救处理；根据伤员病情灵活地选用不同的搬运工具和方法；根据伤情采取相应的搬运体位和方法；

动作要轻而迅速，避免震动。尽量减少伤员痛苦，并争取在短时间内将伤员送到医疗机构进行抢救治疗。

2. 搬运方法

（1）徒手搬运

①扶持法：救护人员站在伤员一侧，一手将伤员手拉放在自己肩部，另一手扶着伤员，同步前进。

②抱持法：救护人员将伤员抱起行进。

③背负法：救护人员将伤员背起行进。此法对胸腹部负伤者不宜采用。

④椅托式（座位）搬运法：将伤员放在椅子上，救护员甲乙2人，甲面向前方，两手分别抓住椅子的前腿上部，乙面向伤员双手抬起椅子靠背，2人同步前进。

⑤双人拉车式：救护员甲乙2人，甲面向前方双手分别插入伤员腋下，抱入怀内；乙站在伤员前面，面向前方，两手抓住伤员膝关节下窝迅速抬起，两人呈拉车式同步前进。

⑥3人搬运法：救护员3人同站伤员一侧，分别将伤员颈部、背部、臀部、膝关节下、踝关节部位呈水平托起前进，或放入担架搬运。

⑦多人搬运法：救护员4人以上，每边2人面对面托住伤员的颈、肩、背、臀、腿部，同步向前运动。

（2）器械搬运法

适用于病情较重又不宜徒手搬运的伤病员。

①担架搬运法：先将担架展开，并放置在伤员对侧。担架员同站伤员一侧跪下右腿，双人将伤员呈水平状托起，将其轻放入担架上。伤员脚朝前、头在后，担架员同时抬起担架，肘关节略弯曲，两人同步前进。遇到坡陡时，上坡时脚放低，头抬高；下坡时，脚抬高，头部放低，尽可能保持水平。

②就便器材搬运法：在没有制式担架的情况下，因地制宜，就地采取简便地制作担架，如用椅子、门板、毯子、衣服、大衣、绳子、竹竿等。

③车辆运送：现场救护后，尽可能利用车辆运送伤员，既快又稳也省力。常用的车辆有救护车、卡车、轿车等。如果利用卡车载运伤员，最好在车厢内垫上垫子或放上担架，也可将伤员抱入护送人员身上，以减少震荡、减轻伤员痛苦和避免伤情恶化。应教育司机发扬救死扶伤精神，只要急救需要，应无条件地投入救护工作中去，并协同其他人员共同完成急救任务。

第二章　相关政策及法律法规

第一节　农机购置补贴

农机具购置补贴，又称农机购置补贴，是指国家对农民个人、农场职工、农机专业户和直接从事农业生产的农机作业服务组织，购置和更新农业生产所需的农机具给予的补贴，目的是促进提高农业机械化水平和农业生产效率。

农机购置补贴是国家“三补贴”强农惠农政策的重要内容，是贯彻落实中央“一号文件”的重要举措，对改善农业装备结构、提高农机化水平、增强农业综合生产能力、发展现代农业、繁荣农村经济具有重要意义。

2015 年最大的变化是对补贴对象进行了修改，补贴对象不再仅限于农民，将补贴对象从“农牧渔民、农场（林场）职工、农民合作社和从事农机作业的农业生产经营组织”改为“直接从事农业生产的个人和农业生产经营组织”。其中，个人既包括农牧渔民、农场（林场）职工，也包括直接从事农业生产的其他居民；农业生产经营组织的界定可与农业法衔接，既包括农民合作社、家庭农场，也包括直接从事农业生产的农业企业等。

这个变化主要是考虑到目前从事农业生产的主体不仅仅是农牧渔民，越来越多的农业生产任务为合作社、农业企业等新型农业经营主体承担。另外，户籍制度改革后，农民只是一种职业划分，很难再从居住地和户籍上区分。

一、购机补贴变化

2015 年最大的变化是对补贴对象进行了修改，补贴对象不再仅限于农民，将补贴对象从“农牧渔民、农场（林场）职工、农民合作社和从事农机作业的农业生产经营组织”改为“直接从事农业生产的个人和农业生产经营组织”。其中，个人既包括农牧渔民、农场（林场）职工，也包括直接从事农业生产的其他居民；农业生产经营组织的界定可与农业法衔接，既包括农民合作社、家庭农场，也包括直接从事农业生产的农业企业等。

这个变化主要是考虑到目前从事农业生产的主体不仅仅是农牧渔民，越来越多的农业生产任务由合作社、农业企业等新型农业经营主体承担。另外，户籍制度改革后，农民只是一种职业划分，很难再从居住地和户籍上区分。

二、补贴机具范围

2015 年中央财政资金补贴机具范围由 2014 年 175 个品目压缩到 137 个品目，按照“谷物基本供给、口粮绝对安全”的目标要求，重点补贴粮棉油等主要农作物生产关键环节所需机具，兼顾畜牧业、渔业、设施农业、林果业及农产品初加工发展所需机具，对农民购买有困难的、价值较高的农业机械主要补贴。

与往年最大的不同是，从 2015 年起，湖北省对农民自愿报废淘汰老旧农机且购买新农机的给予报废补贴。

三、购机补贴亮点

实行重点品目敞开补贴、普惠制是 2015 年购机补贴中的最大亮点。此举一方面能集中资金补重点，提升主要农作物生产全程机械化，提升我国主要农产品的生产能力。另一方面，能简化手续，减少确定补贴对象等审批环节，防范权力寻租。

四、购机补贴方式的变化

2015 年补贴实施方式进一步明确，涵盖面更宽。2014 年，为区别于“差价购机”模式，购机补贴操作方式定义为“全价购机、定额补贴、县级结算、直补到卡”。2015 年开始，农机购置补贴政策实施方式统一为“自主购机、定额补贴、县级结算、直补到卡（户）”，意即补贴对象可以自主选择补贴产品经销商购机补贴（不再规定省域内），也可通过企业直销等方式购机。同时，补贴对象可以和金融部门、产销企业自主协商购机方式，购机时支付全价款或者差价款均可，从政策上给购机者更大的选择空间。按照权责一致原则，补贴对象应对自主购机行为和购买机具的真实性负责，承担相应风险。

五、购置补贴步骤及流程

在保证资金安全的前提下，为进一步简化手续，减少农民申领奔波的次数。2015 年提倡补贴对象先购机再申请补贴，鼓励县乡在购机集中地或当地政务大厅等开展受理申请、核实登记“一站式”服务。同时，还要进一步加快资金结算进度，让农民购机后尽快领到补贴。

六、农机购置补贴标准

对于一般农机每档次产品补贴额原则上按不超过该档产品上年平均销售价格的30%测算，单机补贴额不超过5 万元；烘干机单机补贴额不超过 12 万元；100 马力（1 马力≈735W）以上大型拖拉机、高性能青饲料收获机、大型联合收割机、水稻大型浸种催芽程控设备单机补贴额不超过 15 万元；200 马力以上拖拉机单机补贴额不超过 25 万元；大型棉花采摘机单机补贴额不超过 60 万元。玉米小麦两用收割机按单独的玉米收割割台和小麦联合收割机分别补贴。对于同一档次内大多数产品价格总体下降幅度较大的，湖北省将适时调低此档机具补贴额，并向社会公布。

七、补贴机具种类及相关政策

根据中央补贴范围，结合湖北省农业生产实际需求，确定补贴机具种类范围为十大类 34 小类 81 个品目。具体品目见《湖北省 2015—2017 年农机购置补贴实施方案》。

各县（市、区）在补贴资金额度内，对水稻插秧机、油菜直播机、粮食烘干机和秸秆综合利用机械等重点支持品种实行敞开补贴。

对血防疫区“以机代牛”机具购置予以优先支持。

其他地方特色农业发展所需和小区域适用性强的机具，可列入地方各级财政安排资金的补贴范围，具体补贴机具品目和补贴标准由地方结合优势产业确定。

八、农机补贴对象优先政策

在申请补贴对象较多而补贴资金不足时，按照公平、公正、公开的原则确定。进一步完善农机具购置补贴政策，向粮食主产区和新型农业经营主体倾斜。

各地可结合实际，对以下情形优先补贴：一是农民合作社、种粮大户、家庭农场等农业生产经营组织；二是已经报废老旧农机并取得拆解回收证明的补贴对象；三是农村计生家庭。

九、对单户农民、合作组织或农业企业年度内享受补贴额度的要求

个人年度内享受中央农机购置补贴总额不得超过 5 万元，若单机补贴额超 5 万元的限购 1 台；承包耕地 200 亩以上的种粮大户、家庭农场、农民合作社年度内享受中央农机购置补贴总额不得超过 70 万元；农业企业年度内享受中央农机购置补贴总额不得超过 50 万元。各地应科学把握，结合本地实际情况进一步明确。

各地应审慎确定农业企业补贴资格，农业企业所购机具必须与其生产规模相适应，且必须为自用，防止补贴资金非农化。未经农机部门核实，不得对其进行补贴。

十、对销售补贴机具的经销商的要求

农机购置补贴产品经销商应严格执行农机购置补贴政策有关规定和纪律要求，守法诚信经营、严格规范操作、强化售后服务。销售产品时要在显着位置明示配置，公开销售价格。经销商

必须遵守“七个不得”的规定，即不得倒卖农机购置补贴指标或倒卖补贴机具；不得进行商业贿赂和不正当竞争；不得以许诺享受补贴为名诱导农民购买农业机械，代办补贴手续；不得以降低或减少产品配置、搭配销售等方式变相涨价；不得拒开发票或虚开发票；不得虚假宣传农机购置补贴政策；同一产品在同一地区、同一时期销售给享受补贴农民的价格不得高于销售给不享受补贴农民的价格。

十一、购买补贴机注意事项

一是了解政策。为准确掌握农机购置补贴相关政策及办理程序，建议购机者购机前先向当地农机部门咨询。二是尽快购机。获得《农机购置补贴指标确认通知书》的补贴对象应按照通知书规定的时间尽快购机，如逾期未购机，视同放弃购机，农机部门将收回补贴指标。三是自主谈价。补贴机具与其他机具一样，价格由市场机制形成，补贴对象应与经销商充分议价。四是索要发票。经销商须出具全额机打发票，发票上须注明中央补贴额、所购机具生产厂家及型号、出厂编号（动力机械要注明发动机编号）等。补贴对象要保存好发票原件，作为享受“三包”服务的凭证。申请补贴时须提供发票原件，并交发票复印件给县级农机部门存档。五是及时申请。补贴对象在购机后，应尽快向当地农机部门提供相关结算资料并确保信息的真实性，同时配合农机、财政等部门开展机具核查等工作。

十二、在购买补贴机具时的注意事项

购买时，一是要注意购买的补贴机具上必须喷涂有补贴标志。二是补贴机具须在明显位置固定有生产企业、产品名称和型号、出厂编号、生产日期、执行标准等信息的永久性铭牌，补贴机具铭牌标识必须与实际销售的机具信息一致。三是享受补贴政策的拖拉机、联合收割机投入使用前，其所有人是否已向所在地农机安全监理机构申请登记。

十三、贴对象申请补贴款时，需提供的材料

补贴对象须提供身份证、《农机购置补贴指标确认通知书》、《补贴机具供货与核实表》、购机发票、“一卡通”或农民本人的银行卡等补贴资金申请材料。

十四、补贴资金兑付及兑付时间

湖北省统一实行“县级结算、直补到卡”的补贴资金兑付方式。补贴资金由省财政厅下达各地财政部门后，由当地财政部门将补贴款兑付给购机者。其中，个人的购机补贴款通过“一卡通”或本人银行卡兑付，直接从事农业生产经营组织的购机补贴款通过银行转账方式兑付。

县级农业（农机）部门每季度会向财政部门提交一次相关资料，财政部门原则上每季度组织一次补贴资金兑付工作。实施进度较快的县（市、区）可增加提交资料和结算的次数，具体时限各地可结合本地实际情况进一步明确。

第二节　道路安全法

一、交通安全法规

交通安全法规是道路利用者在交通中必须遵守的法律、法令、规则、细则和条例的总称。交通法规的目的是防止在道路上出现危险与障碍，达到交通安全与畅通。交通法规的内容包括行人和车辆的交通方法、驾驶人员及车辆所有者的义务、道路使用与管理、交通监理以及道路交通违章和事故处理规则等。

与拖拉机驾驶员关系最密切、最直接的交通法规是《中华人民共和国道路交通管理条例》，参见附录一。作为机动车驾驶员，必须了解《道路交通管理条例》的性质、作用和基本原则，熟知其各项要求和内容，严格遵守《道路交通管理条例》的各项规定。

二、农机安全监理规章

为了加强对农用拖拉机及驾驶员的安全监督管理，充分发挥农业机械在农业生产和农村经济发展中的作用，保障人民生命财产安全，农业部制定了《农用拖拉机及驾驶员安全监理规定》，各省、市、自治区也都颁布了相应的条例或规定，对拖拉机和驾驶员管理、违章处罚及事故处理都作了明确规定，并且制定了农业机械安全操作规程，作为拖拉机驾驶员，应严格遵守各项规定，确保安全生产。

《中华人民共和国道路交通安全法》实施后，三轮汽车（原三轮农用运输车）和低速货车（原四轮农用运输车）登记、领取号牌、行驶证、安全技术检验，其驾驶人员申请驾驶证及其定期审验，都划归公安机关交通管理部门管理。

同时，对上路行驶的拖拉机、联合收割机以及其他自走式农业机械进行交通安全管理，比如，这些农机在道路行驶过程中的违章、发生交通事故等都由公安机关交通管理部门统一处理，农业（农业机械）主管部门无权上路对农机进行检查、处罚，以前出现的农业（农业机械）主管部门围追堵截、上路查处的现象不应该再出现。

第三节　劳动法

一、概述

劳动法是调整劳动关系以及与劳动关系密切相关的社会关系的法律规范的总称。所谓的劳动关系就是劳动者与用人单位之间的关系。与劳动关系密切相关的社会关系主要有：劳动管理关系、劳动保险关系、劳动争议关系、劳动监督关系等。

劳动法的基本原则是指调整劳动关系和与劳动关系密切相关的其他社会关系时必须遵循的基本准则。

（一）保护劳动者合法权益的原则

劳动法的基本任务就是要通过各种法律的手段和措施，有效地保证劳动者的合法权益得到实现。劳动者在劳动方面的合法权益主要有：劳动者享有平等就业和选择职业的权利；取得劳动报酬的权利；休息休假的权利；获得劳动安全卫生保护的权利；接受职业技能培训的权利；享受社会保险和福利的权利；依法参加和组织工会的权利；提请劳动争议处理的权利；依法参加企业民主管理的权利。

劳动法保障劳动者享受充分的劳动权益，同时也要求劳动者履行必须的劳动义务。根据规定，劳动者应当完成劳动任务，提高职业技能，执行劳动安全卫生规程，遵守劳动纪律和职业道德，保守用人单位的商业秘密。

（二）按劳分配原则

按劳分配原则是我国进行社会财富分配的主要方式，是我国经济制度的重要内容，它主要体现在3个方面：一是劳动者按照劳动的数量和质量获得劳动报酬；二是劳动者不分性别、年龄、种族而对等量劳动取得等量报酬；三是劳动用工者应当在发展生产基础上不断提高劳动者的劳动报酬，改善劳动者的物质和文化生活。

（三）促进生产力发展的原则

劳动法的作用就在于建立市场经济条件下的劳动力市场，建立和健全保护劳动者合法权益的法律机制，合理配置劳动力资源，使每一个劳动者都能在适合自己的岗位上发挥其才能，充分调动劳动者的积极性和创造性，提高劳动生产率，促进生产力发展。

二、劳动合同

（一）劳动合同的概念

劳动合同是劳动者与用人单位确立劳动合同关系，明确双方权利和义务的协议。也可以说，劳动合同是建立劳动关系的凭证，是确立劳动关系的法律形式，是调整劳动关系的手段，也是处理劳动争议的重要依据。

（二）劳动合同的种类

（1）定期劳动合同。定期劳动合同是有固定期限的劳动合同，指劳动合同双方当事人在合同中明确规定了合同的起止时间的劳动合同。劳动合同期满效力即告终止，经双方当事人协商同意，可续订劳动合同。

（2）不定期劳动合同。不定期劳动合同是劳动合同双方当事人在合同中不规定合同终止日期的劳动合同，只要不出现法律、法规规定或双方约定的可以变更、解除劳动合同的情况，劳动关系可以在劳动者的法定劳动年龄和企业的存在期限内无限期存续。

（3）以完成一定工作为期限的劳动合同。以完成一定工作为期限的劳动合同是指劳动合同双方当事人在合同中约定将完成某项工作作为合同起止日期的劳动合同。这种合同不具体规定合同的起止时间，合同约定的工作完成以后，该合同自然终止。

（三）劳动合同的订立原则

劳动合同的订立原则是指用人单位和劳动者订立劳动合同所应遵守的基本行为准则，包括：平等、自愿和协商一致的原则，遵守国家政策和法律的原则。

（四）劳动合同的主要内容

劳动合同的内容是指合同当事人双方的权利和义务，它通过合同条款表现出来。劳动合同包括必备条款和协定条款，必备条款又称为法定条款，是劳动法律、法规规定的劳动合同必须具备的条款。它包括的主要内容有：合同期限；工作内容；劳动保护和劳动条件；劳动报酬；劳动纪律；合同终止的条件；违约责任等。劳动合同的协定条款是当事人经协商约定的劳动合同的有关条款。

（五）劳动者违反劳动法的法律责任

（1）劳动者违反规定的条件解除劳动合同，或者在没有解除原用人单位的劳动合同，又同其他单位订立劳动合同，给原用人单位造成损失的，应承担赔偿责任。

（2）劳动者违反劳动合同中约定的保密事项，给用人单位造成损失的，应当依法承担赔偿责任。

第四节　合同法

一、订立合同应遵循的法规和原则

1. 必须遵守法律和行政法规。任何单位和个人不得利用合同进行违法活动，扰乱社会经济秩序，损害国家和社会公共利益。

2. 应遵循平等互利、协商一致的原则。任何一方不得把自己的意志强加给对方，任何单位和个人不得非法干预。

依法成立的合同具有法律约束力，当事人必须全面履行合同规定的义务，任何一方不得擅自变更和解除合同。

二、无效合同

下列合同为无效。

（1）违反法律和行政法规的合同。

（2）采取欺诈、胁迫等手段签订的合同。

（3）恶意串通，损害国家、集体或者第三者利益的合同。

（4）损害社会公共利益的合同。

（5）以合法形式掩盖非法目的的合同。

三、合同法适用范围

买卖，建设工程，承揽，运输，供用电、水、气、热力，仓储，保管，租赁，借款，技术，融资，赠与，委托，经纪等合同，必须遵守本法的规定。

四、合同的主要条款

（1）当事人名称或者姓名和住所。

（2）标的。

（3）数量。

（4）质量。

（5）价款或者报酬。

（6）履行的期限、地点和方式。

（7）违约责任。

（8）解决争议的方法。

五、合同的履行

（1）当事人应当按照约定全面履行自己的义务。

（2）执行政府定价或者政府指导价的，在合同约定的交付期限内政府价格调整时，按照交付时的价格计价。逾期交付标的物的，遇价格上涨时，按照原价格执行；价格下降时，按照新价格执行。逾期提取标的物或者逾期付款的，遇价格上涨时，按照新价格执行；价格下降时，按照原价格执行。

（3）应当先履行债务的当事人，有确切证据证明对方有下列情形之一的，可以中止履行。

①经营状况严重恶化。

②转移财产、抽逃资金，以逃避债务。

③丧失商业信誉。

④有丧失或者可能丧失履行债务能力的其他情形。

（4）合同生效后，当事人不得因姓名、名称的变更或者法定代表人、负责人、承办人的变动而不履行合同义务。

六、合同的变更和解除

（1）当事人双方经协商同意，可以变更和解除合同。

（2）由于不可抗力致使不能实现合同目的时，可以解除合同。

（3）在履行期限届满之前，当事人一方明确表示或者以自己的行为表明不履行主要债务，另一方可以解除合同。

（4）当事人一方迟延履行主要债务，经催告后在合理期限内仍未履行，另一方可以解除合同。

（5）当事人一方迟延履行债务或者有其他违约行为致使不能实现合同目的时，另一方可以解除合同。

（6）法律规定的其他可以变更和解除合同的情形。

合同法还规定了违约责任、调解和仲裁，以及分则的详细内容。

第三章　拖拉机安全操作与维修技术

自古以来，有很多人试图以机械力代替人力和畜力进行耕作。但直到19世纪欧洲进入蒸汽机时代后，才使动力型农业机械的诞生成为可能。到20世纪40年代末，在北美、西欧和澳大利亚等地，拖拉机已取代了牲畜，成为农场的主要动力，此后，拖拉机又在东欧、亚洲、南美和非洲推广使用。

根据《国务院关于加快农业机械化和农机工业又好又快发展的意见》要求，到2020年，我国农作物耕种收综合农机化率要达到65%以上。也就是说，目前我国的农机工业发展与国家农机化发展战略要求相比，仍然存在很大的差距。拖拉机作为农机产品的动力源，其使用空间仍然很大。

第一节　拖拉机的基本操作

一、拖拉机的磨合

新出厂的拖拉机或经过大修的拖拉机，在使用前必须按拖拉机使用说明书规定的磨合程序进行磨合试运转；否则，将会引起零部件的严重磨损，使拖拉机的使用寿命大大缩短。

所选择的产品应符合国家相关的安全规定。在拖拉机第一次起动前，要仔细阅读使用说明书，包括柴油机的安装、使用以及安全事项的相关说明。按照使用说明书的内容和要求进行磨合、使用和保养。

（一）磨合前的准备

对拖拉机进行磨合前，要完成以下准备工作。

（1）检查拖拉机外部螺栓、螺母及螺钉的拧紧力矩，若有松动应及时拧紧。

（2）在前轮毂、前驱动桥主销及水泵轴的注油嘴处加注润滑脂。

（3）检查发动机油底壳、传动系统及提升器、前驱动桥中央传动及最终传动油面，不足时按规定加注。

（4）按规定加注燃油和冷却水。

（5）检查轮胎气压是否正常。

（6）检查电气线路是否连接正常、可靠。

（7）将四轮驱动拖拉机分动箱操纵手柄置于工作挡位。

（二）磨合的内容和程序

1. 柴油机的空转磨合

按使用说明书规定顺序起动发动机。起动后，使发动机怠速运转5min，观察发动机运转是否正常，然后将转速逐渐提高到额定转速进行空运转。在柴油机空转磨合过程中，应仔细检查柴油机有无异常声音及其他异常现象，有无渗漏，机油压力是否稳定、正常。当发现不正常现象时，应立即停车，排除故障后重新进行磨合。柴油机空转磨合规范见表3－1。

表3－1　柴油机空转磨合规范

转速（r/min）	800～1 000	1 100～1 600	1 800～2 000	2 300
时间（min）	5	5	5	5

2. 动力输出轴的磨合

将发动机置于中油门位置，分别使动力输出轴处于独立及同步位置各空运转5min（同步磨合可结合拖拉机空驶磨合进行，或将后轮抬离地面进行），检查有无异常现象。磨合后必须使动力输出轴处于空挡位置。

3. 液压系统的磨合

起动发动机，操纵液压位调节手柄，使悬挂机构提升、下降数次，观察液压系统有无顶、卡、吸空现象及泄漏。然后挂上质量为500kg 左右的重块，在发动机标定转速下操纵位调节手柄，使重块平稳下降和提升。操作次数不少于 20 次，并能停留在行程的任何一个位置上。

磨合时，挡位应依次由低向高，负荷由轻到重逐级进行。空负荷、轻负荷磨合时柴油机的油门为 3/4 开度，其余两种磨合工况柴油机的油门为全开。

4. 拖拉机的空驶磨合

拖拉机按高、中、低挡和时间进行空驶磨合（将分动箱操纵手柄放在接合位置）。在空驶磨合过程中，发动机转速控制在 1 800r/min 左右，同时注意下列情况。

（1）观察各仪表读数是否正常。

（2）离合器接合是否平顺，分离是否彻底。

（3）主、副变速器换挡是否轻便、灵活，有无自动脱挡现象。

（4）差速锁能否接合和分离。

（5）拖拉机的操纵性和制动性是否完好。

5. 拖拉机的负荷磨合

拖拉机的负荷磨合是带上一定负荷进行运转，负荷必须由小到大逐渐增加，速度由低到高逐挡进行。拖拉机按表 3－2 所列的负荷、油门开度、挡次和时间进行负荷磨合（将分动箱滑动齿轮操纵杆放在接合位置）。

表3-2　负荷磨合规范

负荷	油门开度
拖车装3 000kg质量	1/2
拖车装6 000kg质量	全开
挂犁耕深16~20cm，耕宽120cm以—	上全开

(三) 磨合后的工作

负荷磨合结束后，拖拉机应进行以下几项工作后方能转入正常使用。

1. 进行清洗

(1) 停车后趁热放出柴油机油底壳中的润滑油，将油底壳、机油滤网及机油滤清器清洗干净，加入新润滑油。

(2) 放出冷却水，用清水清洗柴油机的冷却系统。

(3) 清洗柴油滤清器（包括燃油箱中滤网）和空气滤清器。

2. 检查及调整

(1) 检查前轮前束、离合器、制动踏板的自由行程，必要时进行调整。

(2) 检查和拧紧各主要部件的螺栓、螺母。

(3) 检查喷油嘴和气门间隙及供油提前角，必要时进行调整。

(4) 检查电气系统的工作情况。

3. 进行润滑

(1) 趁热放出变速器、后桥、最终传动、分动箱、前驱动桥、转向器内机油，清理放油螺塞和磁铁上的污物，然后注入适量柴油，用Ⅱ挡和倒挡各行驶2~3min，随即放净柴油并加注新的润滑油。

(2) 趁热放出液压系统的工作用油，经清洗后注入新的工作用油。

（3）向各处的注油嘴加注润滑脂。

二、拖拉机的起动

起动前应对柴油机的燃油、润滑油、冷却水等项目进行检查，并确认各部件正常，油路畅通且无空气，变速杆置于空挡位置，并将熄火拉杆置于起动位置，液压系统的油箱为独立式的，应检查液压油是否加足。

（一）常温起动

先踩下离合器踏板，手油门置于中间位置，将起动开关（图3－1）顺时针旋至第Ⅱ挡（第Ⅰ挡为电源接通）“起动”位置，待柴油机起动后立即复位到第Ⅰ挡，以接通工作电源。若10 s内未能起动柴油机，应间隔1～2min后再起动，若连续三次起动失败，应停止起动，检查原因。

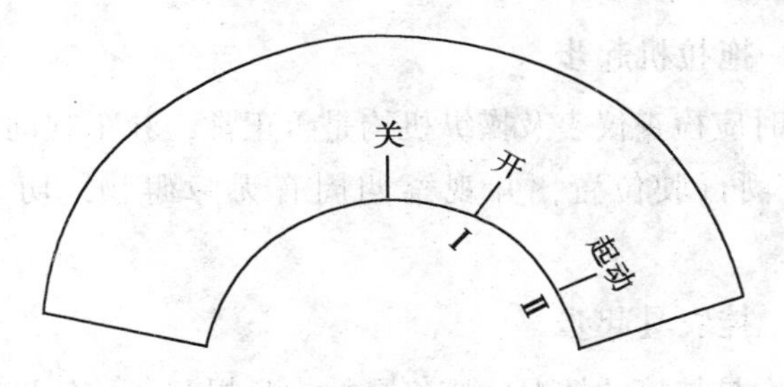

图3－1　起动开关位置

（二）低温起动

在气温较低（－10℃以下）冷车起动时可使用预热器（有的机型装有预热器）。手油门置于中、大油门位置，将起动开关逆时针旋至“预热”位置，停留20～30s再旋至“起动”位置，待柴油机起动后，起动开关立即复位，再将手油门置于怠速油门位置。

（三）严寒季节起动

按上述方法仍不能起动时，可采取以下措施：

（1）放出油底壳机油，加热至 80～90℃后加入，加热时应随时搅拌均匀，防止机油局部受热变质。

（2）在冷却系统内注入 80～90℃的热水循环放出，直至放出的水温达到 40℃时为止，然后按低温起动步骤起动。

（1）严禁在水箱缺水或不加水、柴油机油底壳缺油的情况下起动柴油机。

（2）柴油机起动后，若将油门减小而柴油机转速却急剧上升，即为飞车，应立即采取紧急措施迫使柴油机熄火。方法为用板手松开喷油泵通向喷油器高压油管上的拧紧螺母，切断油路或拔掉空气滤清器，堵住进气通道。

三、拖拉机的起步

（一）拖拉机起步

起步时应检查仪表及操纵机构是否正常，驻车制动操纵手柄是否在车辆行驶位置，并观察四周有无障碍物，切不可慌乱起步。

（二）挂农具起步

如有农具挂接的情况，应将悬挂农具提起，并使液压控制阀位于车辆行驶的状态。

（三）起步操作

放开停车锁定装置，踏下离合器踏板，将主、副变速杆平缓地拨到低挡位置，然后鸣喇叭，缓慢松开离合器踏板，同时逐渐加大油门，使拖拉机平稳起步。

上、下坡之前应预先选好挡位。在陡坡行驶的中途不允许换挡，更不允许滑行。

四、拖拉机的换挡

（一）拖拉机的挂挡

拖拉机在行驶的过程中，应根据路面或作业条件的变化变换挡位，以获得最佳的动力性和经济性。为了使拖拉机保持良好的工作状况，延长拖拉机离合器的使用寿命，驾驶员在换挡前必须将离合器踏板踩到底，使发动机的动力与驱动轮彻底分开，此时换入所需挡位，再缓慢松开离合器踏板。

拖拉机改变进退方向时，应在完全停车的状态下进行换挡；否则，将使变速器产生严重机械故障，甚至使变速器报废。拖拉机越过铁路、沟渠等障碍时，必须减小油门或换用低挡通过。

（二）行驶速度的选择

正确选择行驶速度，可获得最佳生产效率和经济性，并且可以延长拖拉机的使用寿命。拖拉机工作时不应经常超负荷，要使柴油机有一定的功率储备。对于田间作业速度的选择，应使柴油机处于80%左右的负荷下工作为宜。

田间作业的基本工作挡如下：犁耕时常用Ⅱ、Ⅲ、Ⅳ挡，旋耕时常用Ⅰ、Ⅱ挡或爬行Ⅵ、Ⅶ、Ⅷ挡，耙地时常用Ⅲ、Ⅳ、Ⅴ挡，播种时常用Ⅲ、Ⅳ挡，小麦收割时常用Ⅲ挡，田间道路运输时常用Ⅵ、Ⅶ、Ⅷ挡，用盘式开沟机开沟（沟的截面积为0.4m^2时）时常用爬行Ⅰ挡。

当作业中柴油机声音低沉、转速下降且冒黑烟时，应换低一挡位工作，以防止拖拉机过载；当负荷较轻而工作速度又不宜太高时，可选用高一挡小油门工作，以节省燃油。

拖拉机转弯时必须降低行驶速度，严禁在高速行驶中急转弯。

五、拖拉机的转向

拖拉机转向时应适当减小油门，操纵转向盘实现转向。当在松软土地或在泥水中转向时，要采用单边制动转向，即使用转向盘转向的同时，踩下相应一侧的制动踏板。

轮式拖拉机一般采用偏转前轮式的转向方式，特点是结构简单，使用可靠，操纵方便，易于加工，且制造成本低廉，如图3－2所示。其中前轮转向方式最为普遍，前轮偏转后，在驱动力的作用下，地面对两前轮的侧向反作用力的合力构成相对于后桥中点的转向力矩，致使车辆转向。

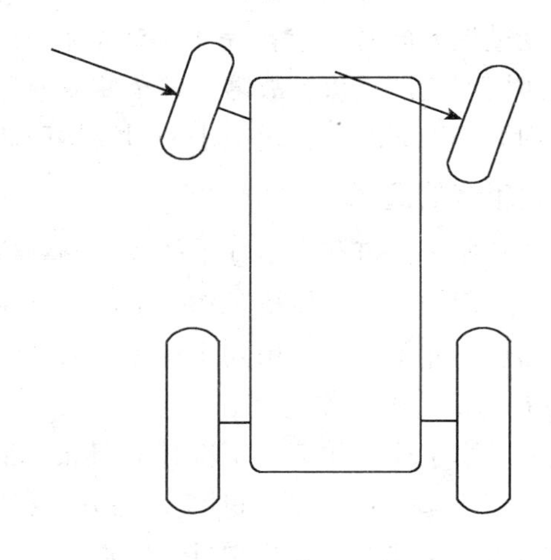

图3－2　偏转前轮式转向

手扶式拖拉机常采用改变两侧驱动轮驱动力矩的转向方式，切断转向一侧驱动轮的驱动力矩，利用地面对两侧驱动轮的驱动力差形成的转向力矩而实现转向，如图3－3所示。

手扶式拖拉机的转向特点是转弯半径小，操纵灵活，可在窄小的地块实现各种农田作业，特别是水田的整地作业更为方便。

六、拖拉机的制动

制动时应先踩下离合器踏板，再踩下制动器踏板，紧急制动时应同时踩下离合器踏板和制动器踏板，不得单独踩下制动器

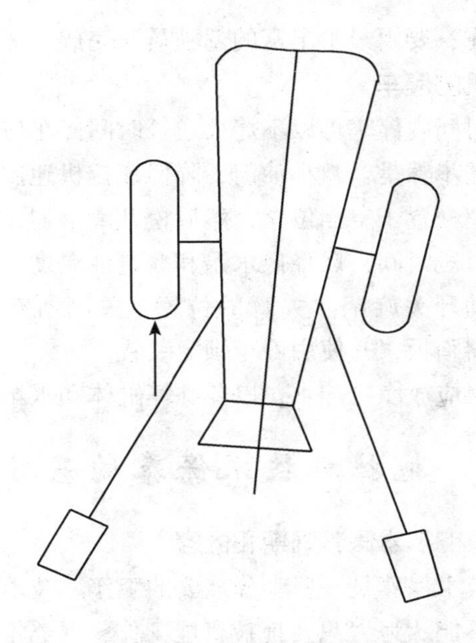

图3－3　改变两侧驱动轮力矩

踏板。

制动的主要作用是迫使车辆迅速减速或在短时间内停车；还可控制车辆下坡时的车速，保证车辆在坡道或平地上可靠停歇；并能协助拖拉机转向。拖拉机的安全行驶很大程度上取决于制动系统工作的可靠性，因此，要求具有足够的制动力；良好的制动稳定性（前、后制动力矩分配合理，左、右轮制动一致）；操纵轻便，经久耐用，便于维修；具有挂车制动系统，挂车制动应略早于主车（当挂车与主车脱钩时，挂车能自行制动）。

七、拖拉机的倒车

拖拉机在使用中经常需要倒车，特别是拖拉机连接挂车、换用农具时都要用到拖拉机的倒车过程。上述的挂接过程中易出现人身伤亡事故，应特别引起驾驶员的注意。挂接时一定要用拖拉机的低速挡操作，要由经验丰富的驾驶员来完成。

八、拖拉机的停车

拖拉机短时间内停车可以不熄火，长时间停车应将柴油机熄火。熄火停车的步骤是：减小油门，降低拖拉机速度；踩下离合器踏板，将变速杆置于空挡位置，然后松开离合器；停稳后使柴油机低速运转一段时间，以降低水温和润滑油温度，不要在高温时熄火；将起动开关旋至“关”的位置，关闭所有电源；停放时应踩下制动器踏板，并使用停车锁定装置。

冬季停放时应放净冷却水，以免冻坏缸体和水箱。

第二节　拖拉机技术保养的基础知识

一、拖拉机的技术保养周期和内容

拖拉机的技术保养是一项十分重要的工作。技术保养工作是计划预防性，不能认为“只要拖拉机能工作，保养不保养没有啥关系。”这种重使用、轻保养的思想是十分有害的。

为了使拖拉机正常工作并延长其使用寿命，必须严格执行技术保养规程。拖拉机技术保养规程按照累计负荷工作小时划分如下。

1. 每班（10h）技术保养（每班或工作10h后进行）。

2. 50h技术保养（累计工作50h后进行）。

3. 200h技术保养（累计工作200h后进行）。

4. 400h技术保养（累计工作400h后进行）。

5. 800h技术保养（累计工作800h后进行）。

6. 1 600h技术保养（累计工作1 600h后进行）。

7. 长期存放技术保养（准备停车超过1个月以上）。

上述各种技术保养的内容见表3－3至表3－6。

表 3-3 拖拉机每班（10h）技术保养

序号	技术保养具体内容
1	清除拖拉机上的尘土和污泥
2	检查拖拉机外部紧固螺母和螺栓，特别是前、后轮的螺母是否 松动
3	检查水箱、燃油箱、转向油箱、制动器油箱及蓄电池的液面高度，不足 时添加
4	按维护、保养图加注润滑脂和润滑油
5	检查并调整主离合器踏板高度
6	检查前、后轮胎气压，不足时按规定值充气
7	检查拖拉机有无漏气、漏油、漏水等现象，如有“三漏”现象应排除
8	按柴油机生产厂家的使用说明书中“日常班次技术保养”要求对柴油机进行保养

表 3-4 拖拉机 50h 技术保养

序号	技术保养具体内容
1	完成每班技术保养的全部内容
2	按维护、保养图和表加注润滑脂
3	检查油浴式空气滤清器的油面并除尘
4	按柴油机生产厂家的使用说明书中“一级技术保养”要求对柴油机进行保养

表 3-5 拖拉机 200h 技术保养

序号	技术保养具体内容
1	完成 50h 技术保养的全部内容
2	更换发动机油底壳润滑油
3	对油浴式空气滤清器的油盆进行清洗、保养
4	清洗提升器机油滤清器，必要时更换滤芯
5	按柴油机生产厂家的使用说明书中“二级技术保养”要求对柴油机进行保养

表 3-6 拖拉机长期存放技术保养

序号	技术保养具体内容
1	若发动机存放不到1个月，发动机机油更换不超过100工作小时，就不需任何防护措施。若发动机存放超过1个月，必须趁热车把发动机机油放净，更换新机油，并让发动机在小油门下运转数分钟
2	将燃油箱加满油，清洗、保养空气滤清器。将冷却系统的冷却水放出（如果使用的冷却液是防冻液则不必放掉）
3	将所有操纵手柄放到空挡位置（包括电气系统开关和驻车制动器）。将拖拉机前轮放正，悬挂杆件放在最低位置
4	取下蓄电池，在其极桩上涂润滑脂，存放在避光、通风、温度不低于10℃的室内。对普通蓄电池，每月检查1次电解液液面高度，并用密度计检查充、放电状态。必要时，添加蒸馏水至规定高度，并用7A电流对蓄电池进行补充充电
5	将拖拉机前、后桥支撑起来，使轮胎稍离地面，并把轮胎气放掉；否则，要定期将拖拉机顶起，检查轮胎气压
6	将整机擦洗干净，在喷漆件表面涂上石蜡，非喷漆件表面涂上防护剂，整机套上防护罩

二、换季保养

（一）拖拉机冬季保养

拖拉机在冬季使用时，由于气温很低，柴油、润滑油的黏度相对提高，流动困难，甚至发生凝结、堵塞等现象；同时，由于润滑油黏度提高，使拖拉机起动阻力增大，发动机起动转速偏低，在压缩行程时，由于气缸与活塞间隙增大而使压缩气体泄漏，并且散失热量相对增多，将造成发动机起动困难；而且道路常常积雪、结冰，增加行驶困难，降低牵引性能，并且容易发生事故。因此，在冬季要注意拖拉机的使用和保养。

（1）入冬前，拖拉机要做一次全面的技术保养，特别要注意燃油系统、润滑系统、变速器和后桥等部位的清洗工作。

（2）准备好冬季作业需用的燃油、机油和齿轮油。气候寒冷地区必须选用合适牌号的燃油。燃油的凝固点应比当地最低气温低3～5℃，以保证最低气温时柴油不至于因凝固而失去流动性。当气温过低时，即气温为－5℃时，可选用－10号的柴油；当气温为－14～－5℃时，可选用－20号的柴油；当气温为－30～－15℃时，可选用－30号的柴油。发动机油底壳、变速器及后桥等部位必须换用冬季润滑油；严禁在机油内掺入煤油、柴油或黏度低的润滑油进行稀释，以防止机油变质；对于变速器及后桥中的齿轮油，当气温过低时，可掺入低凝点润滑油。

（3）拖拉机发动机、水箱散热器、燃油箱等应做好必要的保温工作，如加装保温套等。

（4）注意拖拉机蓄电池的使用。一般蓄电池电解液的相对密度为1.28～1.30，应加大蓄电池电解液的相对密度，以避免冻结。将发电机充电电压提高0.5～1.2V，以保证向蓄电池经常充足电；如气温过低，应对蓄电池采取保温措施。

（二）拖拉机夏季保养

（1）防止水箱水温过高。夏季，拖拉机的冷却水蒸发、消耗快，出车前必须加足冷却水，并在工作中经常检查水位。对于无水温表的单缸柴油机，要时刻注意水箱浮子的红标高度，如果浮子不能正常使用就应及时修理。

工作中若出现开锅现象，则不要直接加冷却水，应停止工作，使发动机减速运转，待水温降低（约60℃）后再慢慢添加冷却水，以免水箱遇冷产生裂纹。在打开散热器盖时，要用毛巾等遮住散热器盖或站在上风位置，脸不要朝向加水口，以免被喷出的高温水汽烫伤。

（2）做好冷却系统的保养工作。夏季到来之前要对冷却系统进行彻底的除垢清洁工作，使水泵和散热器水管畅通，保证冷却水的正常循环。此外，还应把黏附在散热器表面的污物及时清除干净。

冷却系统漏水多发生在水泵轴套处，针对履带式拖拉机，应将水封压紧螺母适当拧紧，如无效，表明填料已失效，应及时更换。填料可用涂有石墨粉的石棉绳绕成。轮式拖拉机要注入足够的润滑脂，以确保水泵的正常工作。

（3）调整传动带的张紧度，检查轮胎气压。若风扇传动带过松，易打滑，使风扇和水泵的转速下降，风力不足；若风扇传动带过紧，则轴承负荷过大，使磨损加剧，功率消耗增加。一般要求是：用拇指在传动带中部按压时，传动带下垂量应为10～15mm。传动带过松或过紧都应及时调整。

夏季，为避免爆胎，给拖拉机的轮胎充气时以低于标准压力的2%～3%为宜。

（4）正确使用调温装置。调温装置有自动式（如节温器等）和手动式（如保温帘和百叶窗等）两种。夏季天热，水温越低越好，常将节温器拆去，这样做，在冷车起动时将大大延长发动机的预热时间，加速零件的磨损。因此，在夏季也不应把节温器拆下。保温帘和百叶窗用来调节通过散热器的风量。夏季一般可不用保温帘，百叶窗也应置于全开位置。

（5）选用黏度高的润滑油。润滑油黏度高可提高其性能，增加密封性。更换拖拉机的润滑油时，要对机油滤清器、集滤器、油底壳彻底清洗一遍。装有转换开关的柴油机，夏季应将其转到“夏”的位置，使机油经过散热再进入主油道，以免润油黏度降低。

（6）注意蓄电池的保养。夏季，蓄电池电解液中的水分容易蒸发，应注意液面的检查正常液面应高出极板1～15mm。蓄电池电解液的相对密度应按规定调小。加液口盖上气小孔要多加疏通。暂时不用的蓄电池要存放在阴凉、通风的地方。蓄电池要经常保持的电量，拖拉机长时间不工作时，应将蓄电池拆下，放在通风、干燥的室内，每隔天充一次电。此外，还要保持蓄电池的外部清洁，合理使用和存放。在盛夏时节，拖拉机的作业时间最好安排在早上和晚上，中午尽量不出车。

（7）防止燃油气阻。温度越高，燃油蒸发越快，越容易在油路中形成气阻。因此，夏季应及时清洗燃油滤清器，保持油路畅通；行车中可将一块湿布盖在燃油泵上，并定时淋水以保持湿润，减少气阻的产生。一旦燃油系统产生气阻，应立即停车降温，并用手油泵使油路中充满燃油。

（8）防止发动机爆燃。若发动机因过热产生爆燃，会使气缸上部的磨损增加 3～5 倍，因此，要彻底清除燃烧室、气门头部等处的积炭，并检查及调整供油量和供油时间，以防止爆燃。

（9）合理存放。停车后，最好将拖拉机停放在树阴或通风、阴凉处，在烈日下停放时，要用稻草等将轮胎遮住。夜间最好将拖拉机停放在车库内，露天存放时要用塑料布将其罩好。

第三节 拖拉机的故障诊断基础

一、拖拉机故障的相关概念

拖拉机在使用过程中，随着工作时间的增加，各个零件、合件、组件、总成因受各种因素的影响，逐渐由设计的“应有状态”向使用后的“实有状态”变化，当变化达到一定程度时出现故障。研究、掌握拖拉机零件的变化规律及其原因，适时、合理地进行维护与保养，对于降低使用成本、确保安全、延长使用寿命具有重要意义。

（一）零件、合件、组件及总成的概念

拖拉机是由许多零件装配组合而成的。零件与零件的组合，

按其功能可分为若干个单独的零件、合件、组件和总成等。它们各自具有一定的作用，彼此之间有一定的配合关系。将它们有机地组合在一起，便成为一台完整的拖拉机。

(1) 零件。零件是拖拉机最基本的组成单元。它是由某些材料制成的不可拆卸的整体，如活塞。

(2) 合件。合件是由两个或两个以上的零件组装成一体，起着单一零件的作用，如连杆总成。

(3) 组件。组件是由若干个零件或合件组装成一体，零件与零件之间有一定的运动关系，尚不能起单独完整机构作用的装配单元，如活塞连杆组。

(4) 总成。总成是由若干零件、合件或组件装合成一体，能单独起一定机构作用的装配单元，如高压油泵总成。

(二) 故障的概念

组成拖拉机的各零件、合件、组件、总成之间都有着一定的相互关系，在其工作过程中，这种关系会发生变化，使其技术状况变坏，使用性能下降。人为使用、调整不当和零件的自然恶化是产生此种现象的原因。

拖拉机零件的技术状况，在工作一定时间后会发生变化，当这种变化超出了允许的技术范围，而影响其工作性能时，即称为故障。如发动机动力下降、起动困难、漏油、漏水、漏气、耗油量增加等。

二、拖拉机故障产生的主要原因

拖拉机产生故障的原因是多方面的，零件、合件、组件和总成之间的正常配合关系受到破坏和零件产生缺陷则是主要的原因。

(一) 零件配合关系的破坏

零件配合关系的破坏主要是指间隙或过盈配合关系的破坏。

例如，缸壁与活塞配合间隙增大，会引起窜机油和气缸压力降低；轴颈与轴瓦间隙增大，会产生冲击负荷，引起振动和敲击声；滚动轴承外环在轴承孔内松动，会引起零件磨损，产生冲击响声等。

（二）零件间相互位置关系的破坏

零件间相互位置关系的破坏主要是指结构复杂的零件或基础件。例如，拖拉机变速器壳体变形、轴承孔沿受力方向偏磨等，都会造成有关零件间的同轴度、平行度、垂直度等超过允许值，从而产生故障。

（三）零件、机构间相互协调性关系的破坏

例如，汽油机点火时间过早或过晚，柴油机各缸供油量不均匀，气门开、闭时间过早或过晚等，均属协调性关系的破坏。

（四）零件间连接松动和脱开

零件间连接松动和脱开主要是指螺纹连接及焊、铆连接松动和脱开。例如，螺纹连接件松脱、焊缝开裂、铆钉松动和铆钉剪断等都会造成故障。

（五）零件的缺陷

零件的缺陷主要是指零件磨损、腐蚀、破裂、变形引起的尺寸、形状及外表质量的变化。例如，活塞与缸壁的磨损、缸体与缸盖的裂纹、连杆的扭弯、气门弹簧弹力的减弱和油封橡胶材料的老化等。

（六）使用、调整不当

拖拉机由于结构、材质等特点，对其使用、调整、维修保养应按规定进行。否则，将造成零件的早期磨损，破坏正常的配合关系，导致损坏。

综上所述，不难得出产生故障的原因：一是使用、调整、维

修保养不当造成的故障。这是经过努力可以完全避免的人为故障。二是在正常使用中零件缺陷产生的故障。到目前为止，人们尚不能从根本上消除这种故障，是零件的一种自然恶化过程。此类故障虽属不可避免，但掌握其规律，是可以减少其危害而延长拖拉机的使用寿命。

三、故障诊断的基本方法

（一）拖拉机故障的外观现象

拖拉机出现故障后往往表现出一个或几个特有的外观现象，而某一症象可以在几种不同的故障中表现出来。这些症象都具有可听、可嗅、可见、可触摸或可测量的性质。概括起来有以下几种。

（1）作用反常。例如，发动机起动困难、拖拉机制动失效、主离合器打滑、发电机不发电、拖拉机的牵引力不足、燃油或机油消耗过多、发动机转速不正常等。

（2）声音反常。例如，机器发出不正常的敲击声、放炮声等。

（3）温度反常。例如，发动机的水箱开锅、轴承过热、离合器过热、发电机过热等。

（4）外观反常。例如，排气冒白烟、黑烟或蓝烟，各处漏油、漏水、漏气，灯光不亮，零件或部件的位置错乱，各仪表的读数超出正常的范围等。

（5）气味反常。例如，发出摩擦片烧焦的气味等。

拖拉机故障产生的原因是错综复杂的，每一个故障往往可能由几种原因引起。而这些故障的现象或症状一般都通过感觉器官反应到人脑中，因此进行故障分析的人，为了得到正确的结果，应加强调查研究，充分掌握有关故障的感性材料。

（二）慢性原因与急性原因

在掌握故障的基本症状以后，就可以对具体的症状进行具体分析。在分析时，必须综合该牌号拖拉机的构造，联系机器及其部件的工作原理，全面、具体而深入地分析可能产生故障的各种原因。

分析症状或现象应当由表及里，透过表面的现象寻找内在的原因。查找故障的起因则应当由简单到烦琐，也就是先从最常见的可能性较大的起因查起，在确定这些起因不能成立以后，再检查少见的可能较小的起因。据此可以考虑发生故障的慢性原因还是急性原因。

故障产生的慢性原因一般为机械磨损、热蚀损、化学锈蚀、材料长期性塑性变形、金相结构变化，以及零件由于应力集中产生的内伤逐渐扩大等。这些慢性原因在机器运用的过程中长期起作用，因而可能逐渐形成各种故障症状，症状的程度也可能是逐渐增加的。但是，在不正确进行技术维护和操纵机器的条件下，故障就会加速形成。

故障产生的急性原因是各式各样的，例如，供应缺乏（散热器缺水、燃油箱缺油、油箱开关未开、蓄电池亏电、蓄电池极桩松动或接触不良等）、供应系统不通（油管及通气孔堵塞、滤清器堵塞、电路的短路或断路等）、杂物的侵入（燃油中混入水、燃油管进入空气、电线浸油与浸水、滤网积污等）、安装调整错乱（点火次序、气门定时的错乱等）。

急性原因带有较大的偶然性，常常是由于工作疏忽或保养不当引起的。一经发作，机器便不能起动或工作。这类故障一般是比较容易排除的。

（三）分析故障的基本方法

分析故障的能力主要取决于使用者的经验，从长期的经验中，总结出分析故障的简明方法，原则为：结合构造，联系原理；搞清症状，具体分析；从简到繁，由表及里；按细分段，推理检测。

综合故障症状进行具体分析，首先判定产生故障的系统，例如，柴油机的功率不足，原因可能是在燃油系统和压缩系统两方面，可以观察在发动机熄火时风扇摆动情况，或用气缸压力表测定气缸压缩终了的压力等方法来判明压缩系统的状态。当压缩系统的技术状态可以确信完好时，则判定故障来自燃油系统。在确定故障所在的系统后，还应把系统分段，进一步确定是哪一段产生的故障。例如，燃油系统中输油泵至油箱是低压油路，喷油泵至喷油器是高压油路，前后两段的区别在于，低压油路是共用的，而高压油路则为各缸单独具有的，如果故障在各缸都出现时就可判断故障可能出在低压油路，但故障只在某些缸出现时，其原因可能在高压油路。

按系统分段推理检测，一般可以采用"先查两头，后查中间"的方法。如燃油系统有故障，应当检查燃油箱是否有油，燃油箱开关是否打开，或者观察喷油器是否喷油。如燃油箱方面没问题，再检查油杯是否有油，如果无油则可判定油管堵塞。又如汽油机电系统，应先观察蓄电池连接，用手拉一下搭铁线和火线电桩头是否松动或者火花塞是否发出火花，后看点火线圈及配电器等。

故障症状是故障原因在一定的工作时间内的表现，当变更工作条件时，故障症状也随之改变。只在某一条件下，故障的症状表露得最明显。因此，分析故障可采用以下方法：

（1）轮流切换法。在分析故障时，常采用断续的停止某部分或某部分系统的工作，观察症状的变化或症状更为明显，以判断故障的部位所在。例如，断缸分析法，轮流切断各缸的供油或点火，观察故障症状的变化，判明该缸是否有故障，如发动机发生断续冒烟情况，但在停止某一缸的工作时，此现象消失，则证明此缸发生故障。又如在分析底盘发生异常响声时，可以分离转向离合器。将变速杆放在空挡或某一速挡，并分离离合器，可以判断异常响声发生在主离合器前还是发生在主离合器后，发生在变速器还是发生在中央传动机构。

（2）换件比较法。分析故障时，如果怀疑某一部件或是零件故障起因，可用技术状态完好的新件或修复件替换，并观察换件前后机器工作时故障症状的变化，断定原来部件或零件是否是故障原因所在，分析发动机时，常用此法对喷油器或火花塞进行检验。在多缸发动机中，有时将两缸的喷油器或火花塞进行对换，看故障部位是否随之转移，以判断部件是否产生故障。为了判断拖拉机或发动机某些声响是否属于故障声响，有时采用另一台技术状态正常的拖拉机或发动机在相同工作规范的条件下进行对比。

（3）试探反正法。在分析故障原因时，往往进行某些试探性的调整、拆卸，观察故障症状的变化，以便查询或反证故障产生的部位。例如，排气冒黑烟，结合其他症状分析结果是怀疑喷油器喷射压力降低，在此情形下可稍稍调整喷油器的喷射压力，如果黑烟消失，发动机工作转为正常，即可断定故障是由于喷油器喷射压力过低造成的。又如怀疑活塞气缸组磨损，可向气缸内注入机油，如气缸压缩状态变好，则说明活塞气缸组磨损属实。必须遵守少拆卸的原则，只在确有把握能恢复原状态时才能进行必要的拆卸。

当几种不同原因的故障症状同时出现时，综合分析往往不能查明原因，此时用试探反证法应更有效。

第四节　拖拉机底盘的常见故障与处理

一、传动系统的故障与处理

（一）离合器的故障与处理

1. 离合器打滑

拖拉机起步时，离合器踏板完全放松后，发动机的动力不能全部输出，造成起步困难。有时由于摩擦片长期打滑而产生高温烧损，可嗅到焦臭味。

导致离合器产生打滑的根本原因是离合器压紧力下降或摩擦片表面质量恶化，使摩擦系数降低，从而导致摩擦力矩变小。故障具体原因和排除方法如下。

（1）离合器自由行程（或自由间隙）过小，应及时检查调整。

（2）压紧弹簧因打滑、过热、退火、疲劳、折断等原因使弹力减弱，致使压盘压力降低，更换离合器压紧弹簧或更换离合器总成。

（3）离合器从动盘、压盘或飞轮磨损及翘曲。针对磨损部件进行更换。

2. 离合器分离不彻底

发动机在怠速运转时，离合器踏板完全踏到底，挂挡困难，并有变速器齿轮撞击声。若勉强挂上挡后，不等抬起离合器踏板，拖拉机有前冲起步或立即熄火现象。

离合器分离不彻底的主要原因和排除方法如下。

（1）离合器自由行程过大，调整分离杠杆与分离轴承之间间隙。

（2）液压系统中有空气或液压油不足，进行系统排气并添加液压油。

（3）分离杠杆高度不一致，调整至规定的高度。

（4）离合器从动盘在离合器轴上滑动阻力过大，拆下从动盘对从动盘花键轴进行修磨并涂油女装。

3. 离合器异响

离合器在接合或分离时，出现不正常的响声。出现不正常的响声的主要原因和排除方法如下：

（1）分离轴承或导向轴承润滑不良、磨损松旷或烧毁卡滞，更换轴承。

（2）离合器减振弹簧折断，更换离合器从动盘。

（3）离合器从动盘与轮毂啮合间隙过大，必要时更换离合器从动盘或离合器轴。

（4）离合器踏板回位弹簧过软，导致分离轴承跟转，更换回位弹簧。

4. 离合器接合抖动

拖拉机起步时，离合器接合时产生抖动，严重时会使整个车身发生抖振现象。离合器接合抖动的主要原因和排除方法如下。

（1）分离杠杆高度不一致，调整分离杠杆高度。

（2）压紧弹簧弹力不均、衰损、破裂或折断、离合器减振弹簧弹力衰损或折断，更换压紧弹簧或离合器从动盘。

（3）离合器从动盘摩擦表面不平、硬化或粘上胶状物，铆钉松动、露头或折断，更换离合器从动盘。

（4）飞轮、压盘或从动盘钢片翘曲变形，磨修飞轮、压盘，必要时更换离合器从动盘。

（二）变速器的故障与处理

1. 变速器跳挡

拖拉机在加速、减速或增大负荷时，变速杆自动跳回空挡位置。跳挡的主要原因和排除方法如下。

（1）变速器拨叉弯曲变形，校正或更换变速器拨叉。

（2）自锁钢球磨损、自锁弹簧弹力不足或折断，更换自锁钢球或自锁弹簧。

（3）齿轮或接合套严重磨损，更换齿轮或接合套。

（4）同步器磨损或损坏，更换同步器。

（5）外部操纵杆件调整不当，调整各连接杆件至规定要求。

2. 变速器异响

变速器异响包括：

（1）挂入某个挡位时，变速器发出不正常响声，如金属的干摩擦声、不均匀的撞击声等。主要原因和排除方法是该挡位传递路线上的某一对齿轮副轮齿损坏，更换该对齿轮。

（2）变速器在任何挡位均有异响。主要原因和排除方法如下。

①润滑油不足。此时应加注润滑油至正确的油面高度。

②中间轴（从动轴）轴承磨损或调整不当，变速器啮合齿轮磨损严重或损坏。应按规定间隙调整轴承，必要时更换轴承和齿轮。

（3）变速器空挡时有异响。主要原因和排除方法如下。

①润滑油不足，应加注润滑油至正确的油面高度。

②输入轴轴承磨损或损坏，应更换输入轴或输入轴轴承。

③中间轴轴承磨损，应更换中间轴轴承。

3. 挂挡困难

挂挡困难包括：

（1）在进行正常变速操作时，可听见齿轮的撞击声，变速杆难以挂入挡位，或勉强挂入挡后又很难摘下来。挂挡困难的原因和排除方法如下。

①主离合器分离不彻底，此时应调整离合器间隙或自由行程。

②同步器磨损或破碎，此时应更换同步器。

③变速器拨叉轴或拨叉磨损，此时应更换拨叉轴或拨叉。

④外部操纵杆件调整不当或有卡滞，此时应按要求检查调整。

⑤锁定机构弹簧过硬、钢球损坏，此时应更换弹簧或钢球。

（2）变速器乱挡。在离合器技术状况正常的情况下，变速器同时挂上两个挡或不能挂入所需要的挡位。主要原因和排除方法如下。

①变速杆球头定位销磨损、折断或球孔与球头磨损、松旷，此时应修复或更换。

②拨叉槽互锁销、互锁球磨损严重或漏装，此时应检查并更换。

③变速杆下端工作面或拨叉轴上导块的导槽磨损过度，此时应更换换挡拨叉或拨头。

（三）后桥的故障与处理

1. 运行时驱动桥发出不正常的响声

可分为空挡时、驱动时、滑行时、转弯时和加载时异响。主要原因和排除方法如下。

（1）齿轮油不足、油质变差，特别是油内有较大金属颗粒，此时应检查驱动桥油位，加注规定的润滑油；大小锥齿轮调整不当，拆卸驱动桥，正确调整大小锥齿轮轴承。

（2）差速器半轴齿轮与半轴花键轴或车轮半轴与最终传动花键轴间隙过大，此时应调整至规定的间隙。

2. 驱动桥过热

工作一段时间后，用手探试驱动桥壳体，有烫手感觉，有时伴随噪声。主要原因和排除方法如下。

（1）齿轮油不足或牌号不符合要求，此时应加注规定牌号的润滑油至规定油面高度。

（2）轴承预紧度过大，此时应正确调整轴承预紧度。

（3）大小锥齿轮啮合间隙过小，此时应正确调整大小锥齿轮啮合间隙。

二、行走系统的故障与处理

行走系统的技术状态，不仅影响车辆的使用性能，还对安全行驶有很大的影响，所以必须定期维护和保养，发现问题及时排除，以免造成事故。

（一）轮式拖拉机的故障与处理

1. 轮式拖拉机自动跑偏

拖拉机自动跑偏的主要原因是：

（1）前轮前束调整不当，导致拖拉机自动跑偏。

（2）转向轮偏转角不相等。

（3）主销倾角变化，主销与主销套间隙过大。

（4）方向盘自由行程过大。

（5）转向拉杆球头磨损，间隙过大。

2. 轮式拖拉机前轮偏磨

前轮偏磨的主要原因是：

（1）前轮前束调整不当，导致前轮与地面产生滑动，而不是纯滚动。

（2）转向轮偏转角不相等，导致某一前轮偏磨。

3. 轮式拖拉机前轮摇摆

前轮摇摆的主要原因是：

（1）前轮前束值调整过大或过小。

（2）后倾角过大或过小。

（3）方向盘自由行程过大。

（4）转向拉杆球头磨损，间隙过大。

4. 轮式拖拉机轮胎损伤

轮胎损伤的主要原因是：

（1）轮胎气压过高或过低。

（2）严重的超负荷，前轮前束调整不当。

（3）制动过猛，受不良路段的影响。

5. 全液压方向盘操作费力

方向盘操作费力的主要原因和排除方法如下。

（1）油泵故障，此时应修理油泵。

（2）由于异物或者缺少球，止回阀保持开启，此时应消除异物并清洗滤清器，在底座内放入新球（若缺失）。

（3）安全阀设置不正确，此时应正确校准安全阀。

（4）因有异物，安全阀阻塞或者保持开启，此时应消除异物并清洗滤清器。

（5）由于生锈、卡住等原因，转向机柱在轴衬上活动变得困难，此时应消除产生原因。

6. 全液压方向盘游隙过量

全液压方向盘游隙过量的主要原因和排除方法如下。

（1）转向机柱和回转阀间游隙过量，此时应更换磨损件。

（2）轴和切边销间的耦合游隙过量，此时应更换磨损件。

（3）轴和转子间的花键耦合游隙过量，此时应更换磨损件。

（4）板簧损坏或者疲劳，此时应更新弹簧。

7. 方向盘摇晃，转向不可控制

方向盘摇晃，转向不可控制，车轮操纵在相反方向的才能达到希望的方向。主要原因和排除方法如下。

（1）液压转向同步不正确，此时应正确同步。

（2）连接到油缸的管路逆转，此时应正确连接。

8. 车轮不能保持在所需位置

车轮不能保持在所需位置，并需要持续使用方向盘校正。主要原因和排除方法如下。

（1）油缸活塞密封损坏，此时应更换密封件。

（2）回流阀因异物或损坏而保持开启，此时应清除异物并清洗滤清器或者更换控制阀。

（3）控制阀机械磨损，此时应更换控制阀。

9. 前轮振动（晃动）

原因是液压油缸内有空气，此时应排气并消除产生渗透的原因。

（二）履带式拖拉机的故障与处理

履带式拖拉机行走系统由于直接接触泥水等，并受到冲击和振动，工作条件极差，应对其经常进行维护保养。

1. 履带式拖拉机自动跑偏

自动跑偏的主要原因和排除方法如下。

（1）两侧履带的长度不等，此时应调整一致。

（2）两侧履带的紧度不一致，此时应按规定调整。

（3）两侧制动调整不均，此时应按要求调整左右制动器踏板的自由行程。

2. 履带式拖拉机履带脱轨

履带脱轨的主要原因和排除方法如下。

（1）履带过松、张紧弹簧预紧力不够，此时应按规定调整履带张紧度。

（2）履带销轴磨损严重，此时应更换履带销轴。

（3）导向轮拐轴弯曲或轴套磨损严重，此时应更换拐轴。

（4）行走装置各轴承间隙过大，此时应按规定调整轴承间隙。

（5）驱动轮轴弯曲，此时应校正驱动轮轴或更换驱动轮轴。

三、制动系统的故障与处理

（一）制动器失灵

（1）踩下制动器踏板后，拖拉机无停车迹象，且路面无刹车印痕。主要原因和排除方法如下。

①摩擦片磨损严重，此时应更换摩擦片并调整间隙。

②制动器内部进入油或泥水，此时应更换油封橡胶密封圈，并用汽油清洗制动器内各零件，晾干后装回。

③制动器踏板自由行程过大，此时应松开制动器踏板联锁片，分别调整左、右制动器踏板的自由行程。

④制动压盘内回位弹簧失效或钢球卡死，此时应拆开制动器，更换回位弹簧，用砂布磨光制动压盘凹槽及钢球，用油布擦净再复装制动器。

⑤制动器摩擦片装反，此时应拆卸重新进行安装。

（2）液压式制动系统失灵，踩下制动器踏板时，拖拉机不能明显减速，制动距离过长。主要原因和排除方法如下：

①制动总泵顶杆调整过短，使总泵工作行程减小，造成供油量不足，此时应调整制动总泵顶杆，使总泵顶杆与活塞被顶处有1.5～2mm的间隙。

②由于制动频繁，制动器温度过高，使油液蒸发成气体。此时应稍停止使用制动，使制动器降温。

③分泵皮碗翻边，使分泵漏油。此时应更换分泵皮碗，将其调整为正常状态。

④快速接头的密封面密封不严或密封圈损坏而漏油。此时应检查密封，必要时更换密封圈。

⑤压盘与制动盘磨损严重，使制动间隙变大。此时应检查其磨损情况，必要时更换，或调节制动间隙。

⑥制动器液压管路中有空气，此时应排出制动系统中的空气。

(二) 制动器分离不开

松开制动时造成忽然“自动刹车”在路面上可能出现侧滑痕，引起制动器发热，严重时摩擦片烧毁。此故障产生的主要原因和排除方法如下。

(1) 制动器踏板自由行程过小，导致制动间隙过小。此时应调整制动器踏板自由行程。

(2) 制动压盘回位弹簧失效（太软、脱落或失效）或钢球锈蚀，使制动压盘不能复位。此时应更换回位弹簧或用砂布磨光钢球，必要时更换钢球。

(3) 轮毂花键孔与花键轴配合太紧，此时应修锉花键，使两者配合松动，直到摩擦盘能在花键上自由地轴向移动为止。

(4) 球面斜槽磨损变形以及摩擦面间有杂物堵塞，此时应修复斜槽，清除杂物。

(5) 液压制动活塞卡死，此时应清除油缸中卡滞物，必要时更换活塞或油缸。

(三) 制动器异响

此故障现象为制动时发出响声，产生原因如下。

(1) 摩擦衬片松脱或铆钉头外露。

(2) 制动鼓或压盘变形、破裂。

(3) 回位弹簧折断或脱落。

(4) 盘式制动器压盘的凸耳与制动壳体内的凸肩之间的间

隙过大。

排除方法是酌情修复或更换，修复或更换后要按规定调整间隙。

（四）制动“偏刹”

此故障现象为非单边制动时，拖拉机跑偏。产生原因和解决方法如下。

（1）左右踏板自由行程不一致，此时应重新调整，使左右制动器踏板自由行程基本一致。

（2）某一侧制动器打滑，此时应清洗制动器内各零件，或更换油封。

（3）田间作业使用单边制动后，制动器内摩擦片磨损严重或有油污，此时应更换摩擦片或去除摩擦片上的油污。

（4）两驱动轮轮胎气压不一致，此时应按规定充气。

四、液压悬挂系统的故障与处理

（一）农机具不能提升

农机具不能提升的主要原因和排除方法如下。

（1）油箱缺油，此时应及时添加。

（2）管路堵塞或不畅，此时应清洗滤网等。

（3）回油阀关闭不严，此时应敲击振动壳体、清洗和研磨。

（4）安全阀开启压力过低，此时应调整开启压力。

（5）增力阀漏油，此时应更换、调整增力阀。

（6）油泵内漏，此时应更换零件或更换油泵。

（二）农机具不能下降

农机具不能下降的主要原因和排除方法如下。

（1）回油阀在关闭位置卡死，此时应轻振壳体，人工复位。

（2）主控制阀“升位”或“中立”位置卡死、油孔堵塞，此时应人工复位、清洗。

（3）下降速度控制阀未开，此时应打开下降速度控制阀。

第五节　拖拉机电气系统的常见故障与处理

一、电气系统现象及诊断方法

（一）短路故障

对地线短路是一个电路的正极与地线侧之间的意外导通。当发生这种情况时，电流绕过工作负载流动，因为电流总是试图通过电阻最小的通路。

由于负载所产生的电阻降低了电路中的电流量，而短路可能会使大量的电流流过。通常，过量的电流会熔断熔断器。如图3－4所示，短路绕过断开的开关和负载，然后直接流至地线。

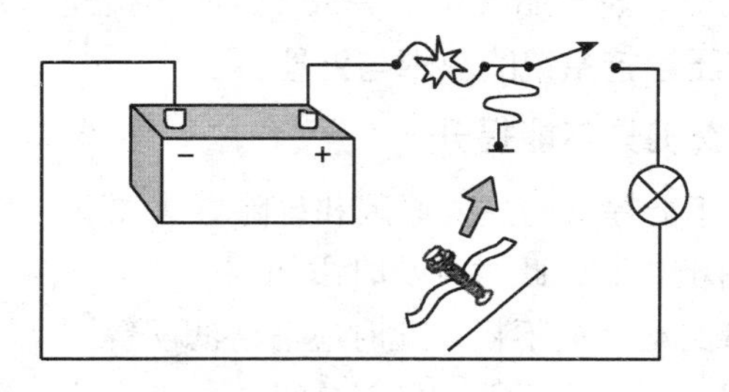

图3－4　对地线短路

对电源短路也是一个电路的意外导通。如图3－5所示，电流绕过开关直接流至负载。这就出现了即使开关处于断开状态，灯泡也会点亮的情况。

（二）断路故障

断路电路是指拆下电源或地线侧的导体将断开一个电路。由于断路电路不再是一个完整的回路，因此电流不会流通，且电路“断开”。如图3－6所示，开关断开电路，并切断了电流。

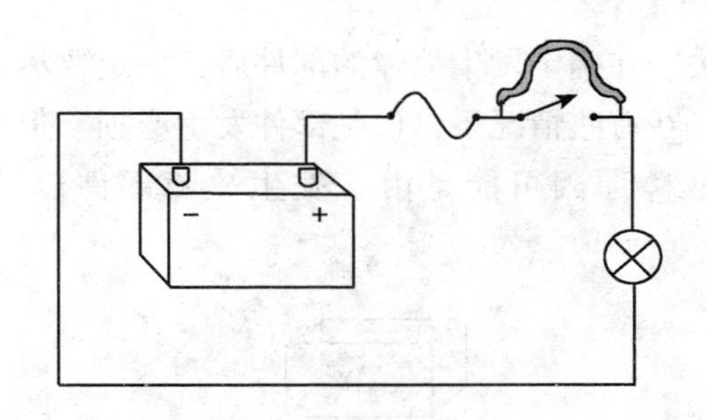

图 3-5　对电源短路

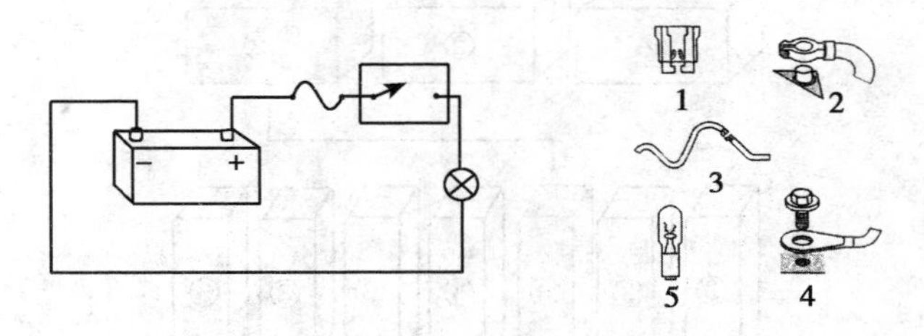

图 3-6　意外的断路

1. 溶断的熔断器；2. 断开了电源；3. 导线断裂；4. 地线断开；5. 灯泡烧坏

某些电路是有意而为的，但某些是意外的。如图 3-6 所示，显示了一些意外的“断路”示例。

（三）症状与系统、部件、原因的诊断步骤

诊断工作要求掌握全面的系统工作原理。对于所有的诊断工作来说，修理人员必须利用症状现象和出现的迹象，以确定车辆故障的原因。为帮助修理人员进行车辆诊断，实践中总结出了一个诊断的步骤，如图 3-7 所示，并在维修中广泛应用。

“症状与系统、部件、原因的诊断步骤”为使用和维修提供了一个逻辑的方法，以修理车辆的故障。

根据车辆运转的“症状”，确定车辆的哪个“系统”与该症状有关。当找到了故障的所在系统，再确定该系统内的哪个部件

与该故障有关。在确定发生故障的部件后，一定要尽力找到产生故障的原因。在有些情况下，仅是部件发生磨损。但是，在其他的情况下，故障原因可能是由该发生故障部件以外的原因造成的。

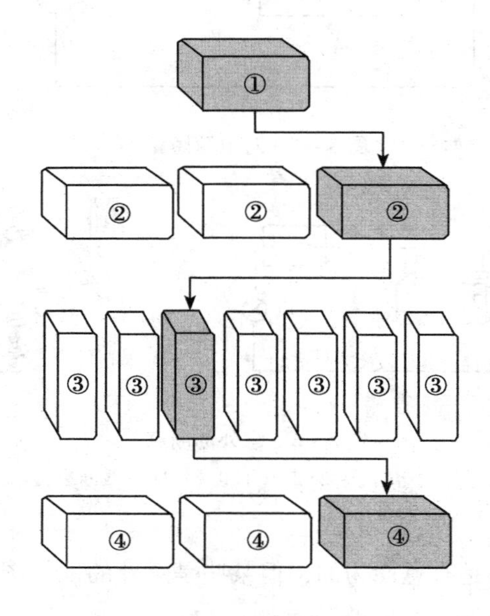

图 3－7　诊断步骤

1. 症状；2. 车辆系统；3. 部件；4. 原因

二、电气故障处理

蓄电池在使用中所出现的故障，除材料和制造工艺方面原因之外，在很多情况下是由于维护和使用不当而造成的。蓄电池的外部故障有外壳裂纹、封口胶干裂、接线松脱、接触不良或极桩腐蚀等。内部故障有极板硫化、活性物质脱落、内部短路和自行放电等。

（一）蓄电池极板硫化

蓄电池长期充电不足或放电后长时间未充电，极板上会逐渐生成一层白色粗晶粒的硫酸铅，在正常充电时不能转化为二氧化铅和海绵状铅，这种现象称之为“硫酸铅硬化”，简称“硫化”。这种粗而坚硬的硫酸铅晶体导热性差、体积大，会堵塞活性物质的细孔，阻碍了电解液的渗透和扩散，使蓄电池的内阻增加，起动时不能供给大的起动电流，以致不能起动发动机。

硫化的极板表面上有较厚的白霜，充放电时会有异常现象，如放电时蓄电池容量明显下降，用高率放电计检查时，单格电池电压急剧降低；充电时单格电池电压上升快，电解液温度迅速升高，但相对密度增加很慢，且过早出现“沸腾”现象。

产生极板硫化的主要原因如下。

（1）蓄电池长期充电不足，或放电后未及时充电，当温度变化时，硫酸铅发生再结晶的结果。在正常情况下蓄电池放电时，极板上生成的硫酸铅晶粒比较小，导电性能较好，充电时能够完全转化而消失。但若长期处于放电状态时，极板上的硫酸铅将有一部分溶解于电解液中，温度越高，溶解度越大。而温度降低时，溶解度减小，出现过饱和现象，这时有部分硫酸铅就会从电解液中析出，再次结晶生成大晶粒硫酸铅附着在极板表面上。

（2）蓄电池内液面太低，使极板上部与空气接触而强烈氧化（主要是负极桩）。在车辆行驶的过程中，由于电解液的上下波动与极板的氧化部分接触，也会形成大晶粒的硫酸铅硬层，使极板的上部硫化。

（3）电解液相对密度过高、电解液不纯、外部气温变化剧烈都能促进硫化。

因此，为了避免极板硫化，蓄电池应经常处于充足电状态，放完电的蓄电池应在 24h 内送去充电，电解液相对密度要恰当，液面高度应符合规定。

对于已经硫化的蓄电池，不严重者按过充电方法充电，硫化严重者按去硫化充电方法，消除硫化。

（二）蓄电池自行放电

充足电的蓄电池，放置不用会逐渐失去电量，这种现象称为自行放电。

自行放电的主要原因是材料不纯，如极板材料中有杂质或电解液不纯，则杂质与极板、杂质与杂质之间产生了电位差，形成了闭合的“局部电池”，产生局部电流，使蓄电池放电。

由于蓄电池材料不可能绝对纯，并且正极板与栅架金属（铅锑合金）本身也构成电池组，所以轻微的自行放电是不可避免的。但若使用不当，会加速自行放电。如电解液不纯，当含铁量达1%时，一昼夜内就会放完电；蓄电池盖上洒有电解液，使正负极桩导电时，也会引起自行放电；电池长期放置不用，硫酸下沉，下部相对密度较上部大，极板上、下部发生电位差也可以引起自行放电。

自行放电严重的蓄电池，将完全放电或过度放电，使极板上的杂质进入电解液，然后将电解液倾出，用蒸馏水将蓄电池仔细清洗干净，最后灌入新电解液重新充电。

（三）电喇叭的故障判断与排除

1. 按下按钮，电喇叭不响

主要原因和排除方法如下。

（1）检查火线是否有电。方法是用旋具将电喇叭继电器“电池”接线柱与搭铁刮头。若无火花，则说明火线中有断路，应检查蓄电池→熔断器（或熔丝）→电喇叭继电器“电池”接线柱之间有无断路。如接头是否松脱、熔断器是否跳开（熔丝是否烧断）等。

（2）如火线有电，再用旋具将电喇叭继电器的“电池”与“电喇叭”两接线柱短接。若电喇叭仍不响，说明是电喇叭有故障；若电喇叭响，说明是电喇叭继电器或按钮有故障。

（3）按下按钮，倾听继电器内有无声响。若有“咯咯”声（即触点闭合），但电喇叭不响，说明继电器触点氧化烧蚀；若继电器内无反应，再用旋具将“按钮”接线柱与搭铁短路；若继电器触点闭合，电喇叭响，则说明是按钮氧化，锈蚀而接触不良；若触点仍不闭合，说明继电器线圈中有断路。

2. 电喇叭声音沙哑

主要原因和排除方法如下。

（1）故障现象包括：

①发动机未起动前，电喇机声音沙哑，但当起动机发动后在中速运转时，电喇叭声音若恢复正常，则为蓄电池亏电；若声音仍沙哑，则可能是电喇叭或继电器有问题。

②用旋具将继电器的“电池”与“电喇叭”两接线柱短接。若电喇叭声音正常，则故障在继电器，应检查继电器触点是否烧蚀或有污物而接触不良；若电喇叭声音仍沙哑，则故障在电喇叭内部，应拆下检查。

③按下按钮，电喇叭不响，只发“嗒”一声，但耗电量过大。故障在电喇叭内部，可拆下电喇叭盖再按下按钮，观察电喇叭触点是否打开。若不能打开应重新调整；若能打开则应检查触点间以及电容器是否短路。

（2）电喇叭的检查包括：

①电喇叭筒及盖有凹陷或变形时，应予以修整。

②检查喇叭内的各接头是否牢固，如有断脱，用烙铁焊牢。

③检查触点接触情况。触点应光洁、平整，上、下触点应相互重合，其中心线的偏移不应超过 0.25mm，接触面积不应少于

80%，否则应予以修整。

④检查喇叭消耗电流的大小。将喇叭接到蓄电池上，并在其中电路中串接一只电流表，检查喇叭在正常蓄电池供电情况下的发声和耗电情况。发声应清脆洪亮，无沙哑声音，消耗电流不应大于规定。如喇叭耗电量过大或声音不正常时，应予以调整。

（3）电喇叭的调整。不同形式的电喇叭其结构不完全相同，因此调整方法也不完全一致，但其调整原则是基本相同的。电喇叭的调整一般有下列两项。

①铁心间隙（即衔铁与铁心的间隙）的调整。电喇叭音调的高低与铁心间隙有关，铁心间隙小时，膜片的频率高则音调高；间隙大时则膜片的频率低，音调低。铁心间隙（一般为0.7～1.5mm）视喇叭的高、低音及规格而定，如DL34G间隙为0.7～0.9mm，DL34D间隙为0.9～1.05mm。几种常见电喇叭铁心间隙的调整部位的电喇叭，应先松开锁紧螺母，然后转动衔铁，即可改变衔铁与铁心间的间隙，扭松上、下调节螺母，使铁心上升或下降即可改变铁心间隙，先松开锁紧螺母，转动衔铁加以调整，然后拧松螺母，使弹簧片与衔铁平行后紧固。调整时应使衔铁与铁心间的间隙均匀，否则会产生杂音。

②触点压力的调整。电喇叭声音的大小与通过喇叭线圈的电流大小有关。当触点压力增大时，流入喇叭线圈的电流增大使喇叭产生的音量增大，反之音量减小。

触点压力是否正常，可通过观察喇叭工作时的耗电量与额定电流是否相符来判别。如相符则说明触点压力正常；如耗电量大于或小于额定电流，则说明触点压力过大或过小，应予以调整，先松开锁紧螺母，然后转动调节螺母（反时针方向转动时，触点压力增大，音量增大）进行调整，也可直接旋转触点压力调节螺钉（反时针方向转动时，音量增大）进行调整。调整时不可过急，每次只需对调节螺母转动1/10转左右。

（四）启动电路故障

1. 起动机不转

起动时，起动机不转动，无动作迹象。

（1）故障原因。故障原因（以有启动继电器启动系统为例）如下。

①蓄电池严重亏电或极板硫化、短路等，蓄电池极桩与线夹接触不良，启动电路导线连接处松动而接触不良等。

②起动机的换向器与电刷接触不良，磁场绕组或电枢绕组有断路或短路，绝缘电刷搭铁，电磁开关线圈断路、短路、搭铁或其触点烧蚀而接触不良等。

③启动继电器线圈断路、短路、搭铁或其触点接触点不良。

④点火开关接线松动或内部接触不良。

⑤启动线路中有断路，导线接触不良或松脱，熔丝烧断等故障。

（2）故障诊断方法。故障诊断方法如下。

①检查电源（蓄电池）。按电喇叭或开大灯，如果电喇叭声音小或嘶哑，灯光比平时暗淡，说明电源有问题，应先检查蓄电池极桩与线夹及启动电路导线接头处是否有松动，触摸导线连接处是否发热。若某连接处松动或发热则说明该处接触不良。如果线路连接无问题，则应对蓄电池进行检查。

②检查起动机。如果判断电源无问题，用旋具将起动机电磁开关上连接蓄电池和电动机导电片的接线柱短接，如果起动机不转，则说明是电动机内部有故障，应拆检起动机；如果起动机空转正常，则进行以下步骤检查。

③检查电磁开关。用旋具将电磁开关上连接启动继电器的接线柱与连接蓄电池的接线柱短接，若起动机不转，则说明起动机电磁开关有故障，应拆检电磁开关；如果起动机运转正常，则说

明故障在启动继电器或有关的线路上。

④检查启动继电器。用旋具将启动继电器上的“电池”和“起动机”两接线柱短接，若起动机转动，则说明启动继电器内部有故障。否则应再做下一步检查。

⑤将启动继电器的“电池”与点火开关用导线直接相连，若起动机能正常运转，则说明故障在启动继电器至点火开关的线路中，可对其进行检修。

2. 起动机运转无力

起动时，起动机转速明显偏低甚至于停转。

（1）故障原因。故障原因如下。

①蓄电池亏电或极板硫化短路，启动电源导线连接处接触不良等。

②起动机的换向器与电刷接触不良，电磁开关接触盘和触点接触不良，电动机磁场绕组或电枢绕组有局部短路等。

（2）故障诊断方法。起动机运转无力应首先检查起动机电源，如果启动电源无问题，再拆检起动机，检查排除故障。

3. 起动机空转

起动时，起动机转动，但发动机不转。

（1）故障原因。故障原因如下。

①单向离合器打滑。

②飞轮齿环的某一部分严重缺损，有时也会造成起动机空转。

（2）故障诊断方法。若将发动机飞轮转一个角度，故障会随之消失，但以后还会再现，即为飞轮齿环缺损引起的起动机空转，应焊修或更换飞轮齿圈。

4. 驱动齿轮与飞轮齿环撞击

启动时，听到驱动齿轮与飞轮齿环的金属碰击声，驱动齿轮不能啮入。

（1）故障原因。故障原因如下。

①电磁开关触桥接通的时间过早，在驱动齿轮啮入以前就已高速旋转起来。

②飞轮齿圈磨损严重或驱动齿轮磨损严重。

（2）故障诊断方法。先适当调整电磁开关触桥的接通时间，若打齿现象仍不能消失，则应拆检起动机驱动齿轮和飞轮齿圈进行检查。

5. 电磁开关吸合不牢

起动时发动机不转，只听到驱动齿轮轴向来回窜动的“啦啦”声。

（1）故障原因。故障原因如下。

①蓄电池亏电或起动机电源线路有接触不良之处。

②启动继电器的断开电压过高。

③电磁开关保持线圈断路、短路或搭铁。

（2）故障诊断方法。先检查启动电源线路连接是否良好，若无问题，可将启动继电器的“电池”接柱和“起动机”接线柱短接，如果起动机能正常转动，则为启动继电器断开电压过高，应予以调整；如果故障仍然存在，则应对蓄电池进行补充充电。如果蓄电池充足电后故障仍不能消除，则应拆检起动机的电磁开关。

（五）灯光系统及仪表常见故障诊断

1. 灯光系统故障的诊断

（1）接通车灯开关时，所有的灯均不亮。说明车灯开关前电路中发生断路。按电喇叭，若电喇叭不响，说明电喇叭前电路中有断路或接线不良；若电喇叭响，则说明熔断器前电路良好，而是熔断器→电流表→车灯开关电源接线柱这一段电路中有故障，可用试灯法、电压法或刮火法进行检查，找出断路处。

（2）接通车灯开关时，熔断器立即跳开或熔丝立即熔断。如将车灯开关某一挡接通时，熔断器立即跳开或熔丝立即熔断，说明该挡线路某处搭铁，可用逐段拆线法找出搭铁处。

（3）接通大灯远光或近光时，其中一只大灯明显发暗。当大灯使用双丝灯泡时，如其中一只大灯搭铁不良，就会出现一只灯亮、另一只灯暗淡的情况。诊断时，可用一根导线一端接车架，另一端与亮度暗淡的大灯搭铁处相接，如灯恢复正常，则说明该灯搭铁不良。

（4）转向信号灯不闪烁。检查闪光器电源接线柱是否有电。若有电，再用旋具将闪光器的两接线柱短接，使其隔出。如这时转向信号灯亮，表明闪光器有故障；如转向信号灯不亮，可用电源短接法，直接从蓄电池引一导线到转向信号灯接线柱。如灯亮，则为闪光器引出接线柱至转向开关间某处断路或转向开关损坏。当用旋具将闪光器的两接线柱短接并拨动转向开关时，出现一边转向信号灯亮，而另一边不但不亮，且旋具短接上述两接线柱时，出现强烈火花。这说明不亮的一边转向信号灯的线路中某处搭铁，使闪光器烧坏。必须先排除转向信号灯搭铁故障，然后再换上新闪光器。否则新闪光器仍会很快烧坏。

（5）右转向时，转向信号灯闪烁正常，但左转时两边转向信号灯均微弱发光。对于转向信号灯与前小灯采用的双丝灯泡的车辆，当其中一只灯泡搭铁不良时，就会出现转向信号灯一边闪光正常而转向开关拨到另一边时，两边转向信号灯均微弱发光的现象。如右转向时，转向灯闪烁正常，左转时两边转向灯均微弱发光，则说明左小灯搭铁不良。诊断时可用一根线将左小灯直接搭铁，如转向信号灯恢复正常工作，则说明诊断正确。

2. 拖拉机仪表检修注意事项

（1）拖拉机仪表装置比较精密，对其进行维修的技术要求较高，维修时应严格按照各拖拉机使用维修手册的有关规定进行，必要时应让专业人员维修。

（2）拖拉机仪表显示板和母板不仅较易损坏，而且价格较高，因此在使用和检修时应特别谨慎，多加保护，除有特殊说明外，不能用蓄电池的全部电压加于仪表板的任何输入端。在多数情况下，由于检测仪表（如欧姆表）使用不当易造成电路的严重损坏。

（3）静电接铁。在维修电子仪表时，不论在车上还是在工作台上作业，作业地点和维修人员都不能带静电。因此，作业时必须使用一定的静电保护装置。

（4）防止静电放电。人体是一个很大的静电发生器。静电电压依大气条件而变化。如在相对湿度 10% ~20% 条件下走过地毯时，可以产生 35 000V 的静电电压。当这样高的静电电压放电时，将对拖拉机上的精密仪表、控制装置等可能造成损坏。因此，从仪表板上拆卸母板时应在干燥处进行，注意防止人身上的静电损坏仪表上的集成电路片。作业时应及时使人体接触已知接地点，消除身上的静电，并且只能用手拿仪表板的侧边，而不能触及显示窗和显示屏的表面。

（5）对需要检修的仪表板的拆卸，要按拆装顺序进行，拆装时注意不要猛敲以防本来状况良好的元器件因敲打而损坏。在拆卸仪表板总成之前，应首先切断电源。新的电子仪表元器件应放在镀镍的包装袋里，需要更换时，应从此包装袋中取出，取出时注意不要碰触各部接头，不要提前从袋中取出。

第四章　联合收割机安全操作与维修技术

联合收割机械是指在收获过程中同时完成收割和脱粒的收割机械。国内收割机起步较晚，早期以模仿及从苏联、美国、加拿大等国家进口为主。现在，我国收割机市场需求呈现出强劲增长的势头，特别是玉米收割机使用需求逐月增强。

第一节　联合收割机基础知识

一、联合收割机的特点与分类

（一）联合收割机的特点

联合收割机是将收割机和脱粒机用中间输送装置连接成为一体的机械，它能在田间一次完成切割、脱粒、分离和清选等项作业，以直接获得清洁的谷粒，因而其生产率很高。随着我国农业机械化程度的不断提高，联合收割机在收获作业中的比重将逐步增大。

联合收割机的特点如下。

1. 生产效率高

一台自走式谷物联合收割机的作业量相当于四五百个劳动力的手工作业量。

2. 谷物损失小

一台联合收割机正常工作时的总损失较小，收小麦时小于2%，收水稻时小于3%，而分段收获因每项作业都有损失，总损失高达6%～10%。

3. 机械化程度高

使用联合收割机能大大减轻农民的劳动强度，改善农民的劳动条件，并能做到对作物大面积及时收获。

虽然联合收割机具有以上优点，但也存在着一些缺点，如机器构造复杂、价格昂贵、维护成本较高等。

（二）联合收割机的分类

目前，世界各国生产的联合收割机型号很多，可按动力供给方式、谷物喂入方式以及脱粒装置形式不同来加以分类。按动力的供给方式，可分为牵引式、自走式和悬挂式联合收割机；按谷物喂入方式，可以分为全喂入式和半喂入式联合收割机；按作物的流动方式，全喂入式联合收割机又可分为切流滚筒式和轴流滚筒式联合收割机两种。

1. 按动力供给方式分类

（1）牵引式。工作时由拖拉机牵引，优点是造价较低，且拖拉机可以全年充分利用，但它工作时由拖拉机牵引，机组较长，机动性较差，不能自行开道，因此，其应用逐渐减少。

（2）自走式。收割、脱粒、集粮、动力、行走等多功能集为一体，其结构紧凑、机动性好，收获时能自行开道和进行选择收割，生产率很高，因而得到广泛的推广普及。但自走式联合收割机的造价高，动力机和底盘不能全年利用。

（3）悬挂式。将联合收割机悬挂在拖拉机上，割台位于拖拉机的前方，脱粒机位于拖拉机的后方，中间输送装置在一侧。它具有自走式的优点，且造价较低，但其总体配置受到拖拉机的限制，如驾驶员视野差，中间输送装置长，变速挡位不能充分满足收获要求等，而且联合收割机是分部件悬挂在拖拉机上，装卸较费工，整体性较差。这种形式的联合收割机多为中小型，机动性相对较好，适于小地块作业，故有很大的应用市场，尤其在广大的南方地区。

此外，还有一种半悬挂式，它侧挂在拖拉机上。割台位于拖拉机的前方，脱粒机位于其右侧，外侧安有一个行走轮支撑联合收割机的大部分质量，内侧有前后两点与拖拉机铰接，以适应地形的变化。这种机型装卸方便，整体性好，造价较低，还能有效地利用拖拉机动力。它存在的问题是驾驶员视野较差，工作时有些偏牵引，机组较宽，机动性不及全悬挂式和自走式好。

（4）通用底盘式。将联合收割机悬挂在通用底盘上，收获季节过后，可拆下联合收割机再装上其他农具，这样可以充分发挥动力机和底盘的作用。这种形式的联合收割机虽然有一定优点，但由于各种农具要求不同，相互牵制较多，故而设计和拆装要求也比较多。

2. 按谷物喂入方式分类

（1）全喂入式。谷物茎秆和穗头全部喂入脱粒装置进行脱粒。按谷物通过滚筒的方向不同，又可分为切流滚筒式和轴流滚筒式两种。联合收割机的传统机型是切流滚筒式，即谷物沿旋转滚筒的前部切线方向喂入，经脱粒后沿滚筒后部切线方向排出。现在大部分联合收割机均采用这种形式。近年来，国内外有一些联合收割机开始采用轴流滚筒形式，即谷物从滚筒的一端喂入，沿滚筒的轴向作螺旋状运动，一边脱粒，一边分离，最后从滚筒的另一端排出，它通过滚筒的时间较长。这种机型可以省去联合收割机中庞大的逐稿器，缩小了联合收割机的体积，减轻了质量，并且对大豆、玉米、小麦、水稻等多种作物均有较好的适应性。此外，切、轴流结合式及多滚筒联合收割机在国内外也已面世。

（2）半喂入式。用夹持输送装置夹住谷物茎秆，只将穗头喂入滚筒，并沿滚筒轴线方向运动进行脱粒。由于茎秆不进入脱粒器，因而简化了机器结构，降低了功率消耗，并保持了茎秆的完整性，但对进入脱粒装置前的茎秆整齐度要求较高。这种形式的联合收割机生产率较低，主要用于小型水稻联合收割机。但进入20世纪90年代以后，半喂入式联合收割机发展很快，尤其是日本久保田等公司的半喂入式联合收割机在收获水稻方面呈现出很大的优势，克服了速度慢、效率低、故障多的缺点，而且自动化程度有了很大的提高，近年来此种机型在我国已有了一定的市场，但其价格比较高。

（3）割前脱粒式。此种机型是利用谷物在田间的站立状态（未割），直接将谷粒从穗头或茎秆上摘脱下来，然后对摘脱下来的混合物（包括籽粒、茎叶、颖壳及部分穗头等）进行复脱、分离和清选，从而获得清洁的谷粒，脱掉谷粒后的茎秆仍直立于田间或割倒铺放在田间。割前脱粒式具有半喂入式的特点，但具有更显著的优点，只是飞溅损失比较难控制。近年来国内外进行了大量的研究，已取得了突破性进展，目前已有部分产品面世，但仍需进一步完善。

除以上分类方法外，还可以按作物名称分类，如小麦联合收割机、水稻联合收割机、玉米联合收割机等；按谷物在机器中流动的方向和割台相对于脱粒机的位置分类，如T型、r型、] 型和直流型联合收割机等；按生产功率分类，如大型（喂入量达5kg/s以上）、中型（3～5kg/s）和小型联合收割机（3kg/s以下）；按行走部件分类，如轮式、半履带式和履带式联合收割机。

二、收割机的型号

按照我国机械工业部《农机具产品编号规则》的规定，谷物联合收割机的产品型号依次由分类代号、特征代号和参数3部分组成，表示如图4－1所示：

收割机械的大类代号为数字“4”。联合收割机小类代号为字母“L”；即凡型号以“4L”打头的机具均为谷物联合收割机；

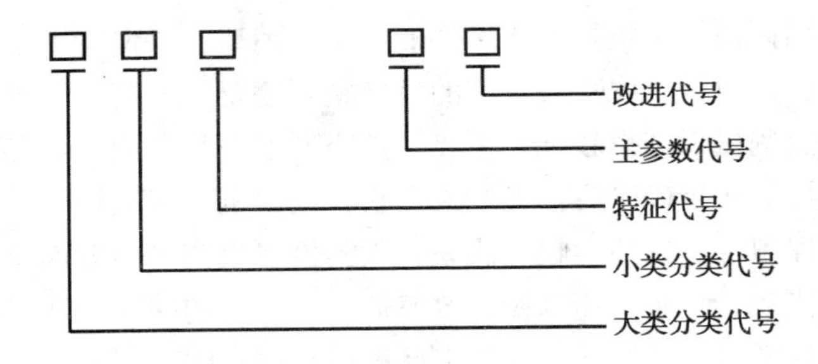

图4－1　收割机的型号

玉米联合收割机型号以“4Y”打头。自走式全喂入联合收割机特征代号为字母“Z”，悬挂式（单动力）特征代号为字母“D”，悬挂式（双动力）特征代号为字母“S”，牵引式特征代号为字母“Q”，以上机型主参数为喂入量；半喂入联合收割机特征代号为字母“B”，主参数为割幅。如东风表示四平联合收割机总厂生产的东风牌自走式喂入量2kg/s的联合收割机；桂林4LD－2.5B表示桂林联合收割机厂生产的桂林牌喂入量为2.5kg/s改进型悬挂式联合收割机；4YZ－3表示3行自走式玉米联合收割机；4LB－100表示割幅为1m的半喂入自走式联合收割机。

目前，一些企业没有完全按行业标准编制型号，如浙江省有几个企业生产的全喂入联合收割机主参数未用喂入量而用割幅表示。国外的联合收割机型号与我国的常用表示法不同，用户在选购时要仔细查阅使用说明书。

三、收割机的正确选购

目前，市场上收割机种类繁多，良莠不齐，选购时应考虑以下几个方面。

第一，根据农艺要求。根据当地作物种植规格、割茬高低等要求选择机型。如小麦、玉米两茬平作直播的，选用大型联合收割机；小麦、玉米两茬套作的，要根据畦面大小、收割机轮距、轮胎宽度等选择。

第二，根据作物状况。不同品种甚至同一品种的作物在不同地区种植，其产量、株高相差悬殊，选择机型应适合当地作物状况。平原高产地区应选择喂入量大的机型；茎秆较高的则要求收割机扶禾装置能任意调节；收割时成熟度差、含水率高的，应考虑湿脱性能好、适应湿割的机型。

第三，根据收割机械产品质量。产品质量直接关系到机器的工作可靠程度和使用寿命。有的收割机制造质量差，工作中故障不断；有的收割机作业效果达不到要求，所以在选购时，应选择通过国家或省市级以上质量鉴定合格、获“农业机械推广许可证”的产品。这类产品结构设计合理，性能指标达到国家有关标准规定，使用可靠性较高，安全性、操纵性好。

第四，根据生产率。收割机的生产率与喂入量、割幅及作业速度有关。生产率大的机型一般机体大、价格高，对道路要求也高，适宜田块大、面积广的地区作业。田块小、面积少的地区应选用小型收割机。

第五，根据零配件供应。维修及零配件供应问题，选购前应重点考虑。收割机构件多，工作条件和环境变化大，工作过程中经常发生零部件的损坏，有些易损件需要经常修理或更换，因此在购买时，要了解当地对你所选机型的修理能力和配件供应情况，不要购买那些没有配件供应又无法修理的机型。一般同等条件下优先选用当地生产、有零配件专营点、三包服务好的定型产品。

第六，根据经济状况。人们购买物品时常常用花钱多少来衡量是否便宜，这对于同型号同质量的产品是对的，但是对不同型号的产品就不能用简单的价格上的比较来衡量了。应该算总账，除考虑机械自身的价格高低外，还要算它的使用消耗成本和所能挣来的价值。如果除自用外还考虑跨区服务作业的，应选择大中型收割机为好；仅在当地使用则应选择中小型经济适用的收割机。如有主机并考虑可一机多用的应选择悬挂式收割机，以提高主机利用率。

第七，三包服务内容、期限。要详细了解所购买产品的三包服务内容、期限。检查随机技术资料、说明书、产品合格证、专用工具和备件等。应对照装箱单清点物品是否齐全，避免使用时带来麻烦。

第八，技术状况。购买的机械应当场进行运转，检验技术状况是否正常。

第九，售后服务。购买农机后应索取购机正式发票及产品三包凭证，按要求进行售后服务登记，办理有关手续，并积极主动地接受厂家或农机部门的操作培训。

四、联合收割机的基本组成

（一）拨禾器

拨禾器的作用有三：一是把割台前方的谷物拨向切割器；二是在切割器切割谷物时，扶持禾秆以防向前倾倒；三是禾秆被切断后，将禾秆及时推放在输送器上。

拨禾器的种类较多，常见的有拨禾轮、链齿式拨禾器、拨禾带、拨禾器等。其中，以拨禾轮和链齿式拨禾器应用最广。

（1）拨禾轮：拨禾轮的结构较简单、工作较可靠，多用于大中型收割机和联合收获机上。按结构的不同，有普通压板式和偏心式两种。

（2）链齿式（或带齿式）拨禾器：它由带有拨齿的链条（或三角带）组成。常见有拨禾带、拨禾链和扶禾器三种。

（二）切割器

切割器的工作性能直接影响收割机的作业质量。要使切割器在作业中能顺利的切割茎秆，不漏割、不堵刀、不拉断、切割阻力小，必须正确使用和调整切割器。

现有的收割机械上的切割器有回转式和往复式两类。

回转式切割器的特点是：滑动作用大，有的还是无支撑切割，因此切割速度高，惯性力易于平衡。但机器结构复杂，割幅较小，而且重量较大，不适于在宽幅、多行收割机上采用。

目前，在收割机械上采用较为广泛的是往复式切割器。其优点是通用性广、适应性强、工作可靠、结构简单、重量轻、适于宽幅收割。但由于惯性力的影响，限制了切割速度的提高，使收割作业速度受到局限。

（三）输送装置

1. 割台推运器及倾斜喂入室

割台推运器又称割台搅拢。它的功用是将割下的作物向割台中间输送，并通过推运器中部的伸缩扒杆将作物拨进倾斜喂入室。割台推运器的构造是由圆筒壳，左、右螺旋叶片和附加叶片，扒杆，左、右半轴，曲柄块，扒杆轴和调节板等组成。

倾斜喂入室的功用是将割台推运器输送来的作物拉薄，并均匀的喂送至脱粒部分进行脱粒。倾斜喂入室的输送装置一般有链耙式和转轮式两种形式。

2. 谷粒推运器及升运器

谷粒推运器及升运器是将清选装置漏下的清洁谷粒输送到粮仓或卸粮台准备集粮用。一般二者连成一体，在谷粒推运器的轴端就安装了升运器。

3. 杂余推运器、升运器、复脱器及抛扔器

杂余推运器是将清粮室尾筛漏下的脱出物杂余——短茎秆，未脱净的残穗等推运到刮板升运器，再由刮板升运器送到滚筒复

脱，或者将其推运到复脱器复脱。然后送到清粮室再清选。前者结构简单，但输送路线长，如果调整不当，使较多杂余回到滚筒，实际上减少了滚筒喂入量。它的结构与谷粒推运器和升运器基本上一样。后者要设专门的复脱装置，但复脱可靠，输送线路短，目前应用较多。

抛扔器由叶轮、壳体、抛扔筒和壳盖组成，与叶片搓板式复脱器类似。利用叶片高速回转的离心力作用使脱出物抛扔输送，因此输送距离不能太长，同时受气流影响如果输送物料间比重差别太大或湿度较大时容易堵塞，因此底盖或壳盖应能打开，便于清理。为提高抛扔效率，一般壳盖上有进气孔。

4. 脱粒装置

脱粒装置的功用是将谷粒从谷穗上脱下，并使其尽量多地从脱出物（由谷粒、碎茎秆、颖壳和混杂物等组成）中分离出来。

常用的脱粒装置由一高速旋转的圆柱形或圆锥形滚筒和固定的弧形凹板组成。滚筒与凹板间形成脱粒间隙（又称凹板间隙），当谷物在脱粒间隙内通过时，受到滚筒与凹板的机械作用而脱粒。

对脱粒装置要求：脱粒干净；尽可能多地将脱下的谷粒分离；谷粒破碎脱壳少；脱粒种子时避免对种子的机械损伤。此外，应因地制宜地满足不同地区对茎秆的不同要求。

5. 分离装置

谷物经过脱粒以后所得到的混合物，有谷粒、短小茎秆、颖壳和长茎秆等，总称为脱出物。通常经栅格状凹板可分离出70% ~90% 的谷粒和部分颖壳、短茎秆，并被引导到清选装置。而剩下的细小脱出物（谷粒、颖壳、短茎秆）夹带在长茎秆中。分离装置的作用是：首先将长茎秆和细小脱出物分离开；其次将分离出来的细小脱出物输送到清选装置，而将长茎秆排出机外。

目前，谷物联合收获机上常用的分离装置有键式逐镐器、平台式逐镐器和转轮式分离装置三种。

6. 清选装置

脱粒装置脱下并经分离装置分出的细小脱出物中，还有许多颖壳和杂余。为了得到清洁的谷粒，在联合收获机上还设有清选装置。对清选装置的要求是从细小脱出物（包括谷粒、短茎秆、颖壳和混杂物）中清选出的谷粒应干净而不被损伤；分离出的混杂物中，夹带谷粒要少。

7. 卸粮装置

在联合收割机上，谷粒有两种收集方法，即用卸粮台或粮箱。

第二节　联合收割机安全驾驶操作技术

联合收获机使用前应进行空运转磨合、行走试运转和负荷试运转。

一、联合收获机空转磨合

（一）机组运转前的准备工作

（1）摇动变速杆使其处于空挡位置，打开籽粒升运器壳盖和复脱器月牙盖，滚筒脱粒间隙放到最大。

（2）将联合收割机内部仔细检查清理。

（3）检查零部件有无丢失损坏，机器有无损伤、开焊，装配位置是否正确，间隙是否合适。

（4）检查各传动三角带和链条（包括倾斜输送器和升运器输送链条）是否按规定张紧，调整合适。

（5）用手拉动脱粒滚筒传动带，观察各部件转动是否灵活。

（6）按润滑表规定对各部位加注润滑脂和润滑油。

(7) 检查各处尤其是重要连接部位紧固件是否紧固。

(二) 空运转磨合及检查

1. 磨合

检查机器各个部位正常后，鸣喇叭使所有人员远离机组，启动发动机，待发动机转动正常后，调整油门使发动机转速为600～800r/min，接合工作离合器，使整个机构运转，逐渐加大油门至正常转速，自走式联合收获机运转20h（悬挂式联合收获机运转30min以上）。此间应每间隔30min停机一次进行检查，发现故障应查明原因，及时排除。

2. 检查

磨合过程中，应仔细观察是否有异响、异振、异味以及“三漏”现象。运转过程中应进行以下操作和检查。

(1) 缓慢升降割台和拨禾轮以及无级变速油缸，仔细检查液压系统工作是否准确可靠，有无异常声音、有无漏油、过热及零部件干涉现象。

(2) 扳动电器开关，检查前后照明灯、指示灯、喇叭等是否正常。

(3) 反复接合和分离工作离合器、卸粮离合器，检查结合和分离是否正常。

(4) 检查各运转部位是否发热，紧固部件是否松动，各V形带和链条张紧度是否可靠，仪表指示是否正常。

(5) 联合收获机各部件运转正常后应将各盖关闭，栅格凹板间隙调整到工作间隙之后，方可与行走运转同时进行。

二、联合收获机行走试运转

联合收获机无负荷行走试运转，应由Ⅰ挡起步，逐步变换到Ⅱ、Ⅲ挡，由慢到快运行，还要穿插进行倒挡运转。要经常停车检查调整各传动部位，保证正常运转。自走式联合收获机此间运行时间为25h。

三、联合收获机负荷试运转

联合收获机经空转磨合和无负荷行走试运转，一切正常后，就可进行负荷试运转，也就是进行试割。负荷试运转应选择地势较平坦、无杂草、作物无倒伏且成熟程度较一致的地块进行。有时也可先向割台均匀输入作物检查喂入和脱粒情况，然后进行试割。当机油压力达到0.3MPa，水温升至60℃，开始以小喂入量低速行驶，逐渐加大负荷至额定喂入量。应注意无论负荷大小，发动机均应以额定转速全速工作，试割时应注意检查调整割台、拨禾轮高度、滚筒间隙大小、筛孔开度等部位，根据需要调整到要求的技术状态。负荷试运转应不低于15h。切记：收割作业时，拖拉机使用Ⅰ挡、Ⅱ挡。

经发动机和收获机的上述试运转后，按联合收获机使用说明书规定，进行一次全面的技术保养。自走式联合收获机需清洗机油滤清器，更换发动机油底壳的机油。

按试运转过程中发现的问题对发动机和收获机进行全面的调整，在确保机器技术状态良好的情况下，才可正式投入大面积的正常作业。

四、收割前的准备工作

（一）出发前准备

机组经磨合试运转及相关保养，符合技术要求。收作物之前要根据自己情况确定是在当地作业还是跨区作业，提前做好作业计划，并进行实地考察，提前联系。确定好机组作业人员，一般联合收获机需要驾驶员1～2名，辅助工作人员1～3名，联系配备1～2辆卸粮车。出发之前要准备好有关证件（身份证、驾驶证、行车证、跨区作业证等）、随机工具及易损件等配件，做到有备无患。

（二）作业前地块准备

为了提高联合收获机的作业效率，应在收获前把地块准备好，主要包括下列内容。

（1）查看地头和田间的通过性。若地头或田间有沟坎，应填平和平整，若地头沟太深应提前勘查好其他行走路线。

（2）捡走田间对收获有影响的石头、铁丝、木棍等杂物。查看田间是否有陷车的地方，做到心中有数，必要时做好标记，特别是夜间作业一定要标记清楚。

（3）若地头有沟或高的田埂，应人工收割地头，一般为6～8m，若地块横向通过性好可使用收获机横向收割，不必人工收割。人工收割电线杆及水利设施等周围的作物。

（4）查看作物的产量、品种和自然高度，以作为收获机进地收获前调试的依据。

（三）卸粮的准备

（1）用麻袋卸粮的联合收获机，应根据作物总产量准备足够的装作物用的麻袋和扎麻袋口用的绳子。

（2）粮仓卸粮的联合收获机，应准备好卸粮车。卸粮车车斗不宜过高，应比卸粮筒出粮口低1m左右。卸粮车的数量一般应根据卸粮地点的远近确定，保证不因卸粮造成停车耽误作业。

五、田间作业

（一）联合收获机入地头时的操作

（1）行进中开始收获。若地头较宽敞、平坦，机组开进地头时可不停车就开始收割，一般应在离作物10m左右时，平稳地接合工作离合器，使联合收获机工作部件开始运转，并逐渐达到最高转速，应以大油门低前进速度开始收割，不断提高前进速度，进入正常作业。

（2）由停车状态开始收割。若地头窄小、凹凸不平，无法在行进中进入地头开始收割，需反复前进和倒车对准收割位置，然后接合工作离合器，逐渐加油门至最大，平稳接合行走离合器开始前进，逐渐达到正常作业行进速度。

(3) 收获机的调整。收获机进入地头前应根据收割地块的作物产量、干湿程度和高度对脱粒间隙、拨禾轮的前后位置和高度等部位进行相应的调整。悬挂式联合收获机应在进地前进行调整，自走式联合收获机可在行进中通过操纵手柄随时调整。

(4) 要特别注意收获机应以低速度开始收获，但开始收割前发动机一定要达到正常作业转速，使脱粒机全速运转。自走式联合收获机，进入地头前，应选好作业挡位，且使无级变速降到最低转速，需要增加前进速度时，尽量通过无级变速实现，以避免更换挡位，收获到地头时，应缓慢升起割台，降低前进速度拐弯，但不应减小油门，以免造成脱粒机滚筒堵塞。

(二) 联合收获机正常作业时的操作

1. 选择大油门作业

联合收获机收获作业应以发挥最大的作业效率为原则，在收获时应始终以大油门作业，不允许以减小油门来降低前进速度，因为这样会降低滚筒转速，造成作业质量降低，甚至堵塞滚筒。如遇到沟坎等障碍物或倒伏作物需降低前进速度时，可通过无级变速手柄使前进速度降到适宜速度，若仍达不到要求，可踩离合器摘挡停车，待滚筒中作物脱粒完毕时再减小油门挂低挡位减速前进。悬挂式联合收获机也应采取此法降低前进速度。减油门换挡速度要快，一定要保证再次收割时发动机加速到规定转速。

2. 前进速度的选择

联合收获机前进速度的选择主要应考虑作物产量、自然高度、干湿程度、地面情况、发动机的负荷、驾驶员技术水平等因素。无论是悬挂式还是自走式联合收获机，喂入量是决定前进速度的关键因素。前进速度的选择不能单纯以作物产量为依据，还应考虑作物切割高度、地面平坦程度等因素，一般作物亩产量在300～400km时，可以选择Ⅱ挡作业，前进速度为3.5～8km/h；作物亩产量在500kg左右时应选择Ⅰ挡作业，前进速度为2～4km/h，一般不选择Ⅲ挡作业；当作物亩产量在250kg以下时，地面平坦且驾驶员技术熟练，作物成熟好时可以选择Ⅲ挡作业，但速度也不宜过快。

3. 不满幅作业

当作物产量很高或湿度很大，以最低速前进发动机仍超负荷时，就应减少割幅收获。就目前各地作物产量来看一般减少到80%的割幅即可满足要求，应根据实际情况确定。当收获正常产量作物，最后一行不满幅时，可提高前进速度作业。

4. 潮湿作物的收获

当雨后作物潮湿，或作物未完全成熟但需要抢收时，由于作物潮湿，收割、喂入和脱粒都增加阻力，应降低前进速度收获，若仍超负荷应减少割幅收获。若时间允许应安排中午以后，作物稍微干燥时收获。

5. 干燥作物的收获

当作物已经成熟，过了适宜收获期，收获时易造成掉粒损失，应将拨禾轮适当调低，以防拨禾轮板打麦穗造成掉粒损失，即使收获机不超负荷，前进速度也不应过快。若时间允许的话，应尽量安排在早晨或傍晚，甚至夜间收获。

6. 注意观察检查机器工作状态是否正常

驾驶员进行收获作业时，要随时观察驾驶台上的仪表、收割台上的作物流动情况和各工作部件的运转情况，要仔细听发动机的声音、脱粒滚筒以及其他工作部件的声音，有异常情况应立即停车排除。驾驶员应特别注意发动机和脱粒滚筒的声音，当听到发动机声音沉闷，脱粒滚筒声音异常，看到发动机冒黑烟，说明滚筒内脱粒阻力过大，应减慢前进速度，加大油门进行脱粒，待声音正常后，再进行正常作业。

7. 割茬高度和拨禾轮位置的选择

当作物自然高度不高时，可根据当地的习惯确定合理的割茬高度，可把割茬高度调整到最低，但一般不宜低于 15cm。当作物自然高度很高，作物产量高或潮湿，联合收获机负荷过大时，应提高割茬高度，以减少喂入量，降低负荷。

8. 过沟坎时的操作

当田中有沟坎时，应适当调整割台高度，防止割刀吃土或割麦穗。当机组前轮压到沟底时会使割台降低，应在压到沟底的同时升高割台，直至机组前轮越过沟时，再调整割台至适宜高度。当机组前轮压到高的田埂时，应立即降低割台，机组前轮越过田埂时，应迅速升高割台，上述操作要快，动作连接要平稳。

(三) 倒伏谷物的收获

1. 横向倒伏

横向倒伏的作物收获时，只需将拨禾轮适当降低即可，但一般应在倒伏方向的另一侧收割，以保证作物分离彻底，喂入顺利，减少割台碰撞麦穗造成的麦粒损失。

2. 纵向倒伏

纵向倒伏的作物一般要求逆向（作物倒向割台）收获，但逆向收获需空车返回，严重降低了作业效率。当作物倒伏不是很严重时应双向收获。逆向收获时应将拨禾轮板齿调整到向前倾斜 15°~30°的位置，且将拨禾轮降低并向后。顺向收获时应将拨禾轮的板齿调整到向后倾斜 15°~30°的位置，且使拨禾轮降低并向前。

六、道路驾驶

道路驾驶是指联合收获机转移地块和跨区域收获作业长途转移时在路面上行驶。

（一）道路驾驶前的一些注意事项

由于联合收获机比较笨重，道路行驶速度又相对较快，极易造成悬挂等部位的变形、开焊和掉螺丝等不应有现象发生，自走式联合收获机还会因液压承载过大，造成液压油路漏油，因此，道路行驶前要注意做好下列工作。

1. 卸粮

为了减轻道路转移时收获机的重量，防止道路转移中漏损粮食，道路行驶前应把粮食全部卸净。具有粮箱的收获机还应把卸粮筒向后折放回原处。自流式卸粮装置，应把卸粮仓门关严，把卸粮簸箕折回非工作位置固定。

2. 锁定割台

悬挂式联合收获机的割台锁定应首先提升割台到最高位置，把割台架主梁上的割台拉杆或 U 形悬挂环挂在前悬挂架的前上角上（滑轮上角），拉杆式悬挂部件应穿好螺栓并紧固。自走式联合收获机，应提升割台到最高位置，把驾驶室下面的悬挂链的挂钩挂在倾斜输送槽上的相应孔眼中，或把槽钢支撑块扶起对准空眼插入销子。各种类型的联合收获机的割台悬挂方式稍有区别，总的来说，要保证割台被拉紧或撑起，使割台提升钢丝绳不受力（悬挂式），使支撑割台的悬挂油缸不受力。

3. 长途行进时收获机的注意事项

长途行进时，应把收获机的各悬挂受力部位重新检查和紧固一遍。有必要时可卸下割台，用其他运输工具装载运输。若整个机组装车运输时，应把四个轮胎都用木块或其他物品塞好，以防前后移动，并用钢丝绳拉紧可承受力的部位，封好车。装车时应把收获机前端与车箱之间留出一定的距离，以防紧急刹车时撞坏。

4. 道路运输时须注意

若道路条件允许的话，应走路面中间，以防路两边的树木刮坏收获机，超高时应做好超高标志，注意不要挂断上方电线等。

（二）车辆起步

一般选择Ⅰ挡起步，起步前要首先查看周围情况，当确认安全时可按下述步骤操作。

（1）松开手制动或使制动踏板复位。

（2）将离合器踏板迅速踏到底。

（3）操纵变速手柄挂入Ⅰ挡。

（4）保持正确驾驶姿势，握稳方向盘。

（5）松抬离合器踏板，并踏下加速踏板。

为保证起步平稳，松抬离合器踏板和踏下加速踏板的动作须配合默契。松抬离合器不可一下松到底，要掌握“快松——停顿——慢松——快松”的节奏。在松抬离合器至感觉到离合器刚刚结合时，加以“停顿”的同时，慢慢踏下加速踏板，使车辆平稳起步。离合器踏板松抬过快，加速踏板踏下过慢，会导致起步过猛、发动机转速过低而熄火；而离合器踏板松抬过慢，加速踏板踏下过快，则易造成摩擦片磨损增大、起步不稳和传动件受损等后果。因此，必须正确掌握离合器踏板与加速踏板的配合操作方法，才能使车辆平稳起步。

（三）换挡

车辆在行驶过程中，由于道路及交通情况的不断变化，需要变换不同的行驶速度，即需经常换挡变速。

1. 挡位的使用

车辆行驶中，如行驶阻力增大（如起步、上坡或道路情况不好等）时，应选用低速挡行驶；中速挡通常在车辆转弯、过桥、一般坡道、会车或路况稍差道路行驶时使用；高速挡在车辆行驶中较常用，主要是因为它燃料消耗少，零部件磨损小，经济性能较好。因而在确保安全的前提下，道路行驶提倡多使用高速挡。

2. 换挡的方法

（1）低速挡换高速挡。以Ⅰ挡换Ⅱ挡为例，首先需踏下加速踏板提高车速，当车速适合换挡时，立即抬起加速踏板，同时踏下离合器踏板，将变速手柄移入空挡。此时，Ⅱ挡齿轮的线速度低于主动齿轮的线速度。为使Ⅱ挡齿轮的线速度提高一些，或使主动齿轮的线速度降低一些，使两者的线速度趋于一致，以便顺利啮合，避免打齿现象发生，此时须放松离合器踏板，让花键轴与发动机输出轴连接，降低主动齿轮的线速度，等两个即将啮合的齿轮圆周切线速度接近一致时，再次踏下离合器踏板，即可顺利换入Ⅱ挡。换入Ⅱ挡后，在缓抬离合器踏板的同时，逐渐踏下加速踏板，待加速至适合换入Ⅲ挡速度时，再依上述方法换入Ⅲ挡。

（2）高速挡换低速挡。其要点是在将变速杆移入空挡后即抬起离合器踏板，踏下加速踏板，提高发动机转速，待两个即将啮合的齿轮线速度接近时，立即抬起加速踏板，再次踏下离合器踏板，便可将变速手柄顺利移入低一挡位。然后缓抬离合器踏板，车辆即可以低一挡位的速度行驶。待车速降至更低一级挡位速度时，再用上述操作方法换入更低一级挡位。

3. 换挡注意事项

（1）换挡时一手握稳方向盘，另一手轻握变速手柄，两眼注视前方，不要左顾右盼或低头看变速杆，以免分散注意力。

（2）变速一般应逐级进行，不能越级换挡。但在特殊情况下允许越级换挡。

（3）变换前进或后退方向时，必须在车辆停车后方能换挡。

（四）转弯

车辆在转弯时，驾驶员应精力集中，操作协调，并遵守减速、鸣号、靠右行的规则。

1. 左转弯

在宽敞平坦、视线良好的道路上左转弯，确认前方无来车的情况下，可以适当偏左侧行驶，这样可充分利用拱形路面的内侧，改善车辆弯道行驶的稳定性。

2. 右转弯

要注意等车辆驶入弯道后，再将车辆完全驶向右边，不宜过早靠右行驶，以免后轮偏出路面。

3. 小转弯

转小弯时，如果地面软滑或转向轮磨损严重，地面与转向轮附着力较小，会引起转向轮侧滑。此时应降低车速。

4. 急转弯

高速急转弯易发生车辆倾翻事故，所以急转弯时，应低速慢转。总之，转弯时要正确判断路面宽窄和弯度的大小，确定合适的转弯半径和行驶速度，以保证车辆安全平稳地通过弯道。

（五）制动与停车

车辆在行驶中，经常会受到道路及交通情况的限制，驾驶员根据具体情况使车辆减速或停车，以保证行车安全。减速与停车是依靠驾驶员操纵制动装置来实现的。操纵制动装置的正确与否，直接影响行车安全、燃料消耗、轮胎磨损及制动机件的使用寿命。

1. 制动

（1）减速制动。当车辆在行驶中需要降低车速时，首先要抬起加速踏板，然后间歇地踏下制动踏板，以使行驶速度达到要求，即通常所说的“点刹”。

（2）预见性制动。制动前预先了解道路与交通情况的变化，提前做好准备，有目的地采取减速或停车的制动，称为预见性制动。方法是先抬起加速踏板（不踏下离合器踏板），利用发动机的降速来减速，然后再根据需要轻踏制动踏板，使车辆进一步降低行驶速度。当车速达到要求时，逐渐驶向道路右侧，踩离合器、摘挡，使车辆平稳地停住。这种方法不但能保证行车安全，而且还能节约燃料，避免机件损伤，应优先采用。

（3）紧急制动。车辆在行驶中遇到紧急情况，驾驶员应迅速使用制动装置，在最短的距离内将车停住，避免事故发生，这种制动称为紧急制动。紧急制动是一种应急措施，它会对机件造成很大损伤，甚至会酿成事故。因此，只有在不得已的情况下方可使用。其操作方法是：一旦发生紧急情况，要握紧方向盘（或转向把），迅速放松加速踏板，并立即同时踏下制动踏板和离合器踏板，必要时应同时拉起手制动杆，尽快使车辆停住。

2. 停车

车辆在行驶中需要停车时，一般要采用预见性制动，随着车速的降低，逐渐向右靠边行驶，在临近停车地点时，踏下离合器踏板，轻踏制动踏板，将车辆平稳地停住。车辆停住后，拉紧手制动杆，将变速杆挂入低挡（一般是Ⅰ挡），停熄发动机，然后松开离合器踏板和制动踏板。停车地点必须是路面坚实且可以停车的地段。

（六）倒车

倒车时视线会受到限制，加上倒车转向的特殊性，比前进驾驶要困难一些。因此，驾驶员应加强训练，熟练掌握。

1. 倒车的驾驶姿势

通常有以下两种：第一种是注视后方倒车。驾驶座在左边的，左手握方向盘上部，上身右转，两眼通过后视窗注视后方倒车。驾驶座在右边时则相反。第二种是注视侧方倒车。仍以驾驶座在左为例，右手握住方向盘上部，打开左车门，左手扶车门，身体上部斜伸出驾驶室，两眼注视后方倒车。

2. 倒车的方法

倒车必须在车辆完全停止后进行。先将变速杆挂入倒挡，用与前进起步同样的操作方法进行倒车。倒车时，必须控制车速，不可忽快忽慢，防止发动机熄火或造成事故。直线倒车时，应使前轮方向保持正直；转弯倒车时不但要正确使用方向盘，同时还应注意车前车后情况，尤其是绕过障碍物时，车前外侧容易与障碍物碰擦刮伤。

（七）调头

车辆由原方向行驶改变为反方向行驶，称为调头。调头时应根据路面的宽窄、地头大小、交通及指挥人员的指挥等情况，确定不同的调头方法。

1. 一次顺车调头法

这种方法最为简单，操作也最容易。主要在道路较宽阔及环境许可的情况下运用，方法如图 4 – 2 所示。

2. 二进一倒调头法

如果路面不很宽阔，转弯 180°调头难以进行，则应考虑采用此法。如图 4 – 3 所示，先使车向左转前行，待前轮到达路边时停车，然后向右后方倒车至路边停车，再向左前方行进，驶入行车路线后即可向正前方行驶。

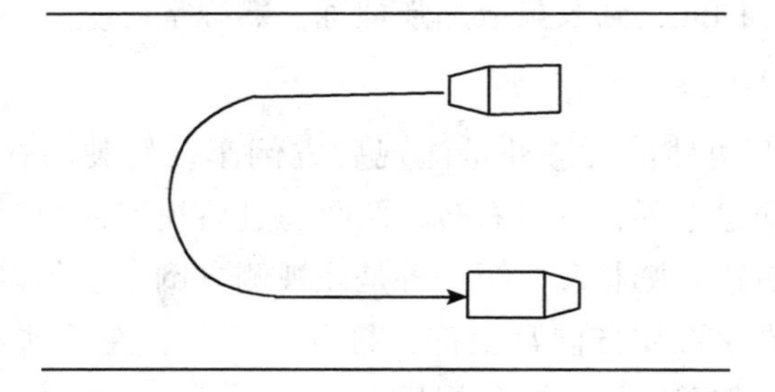

图4－2　一次顺车调头法

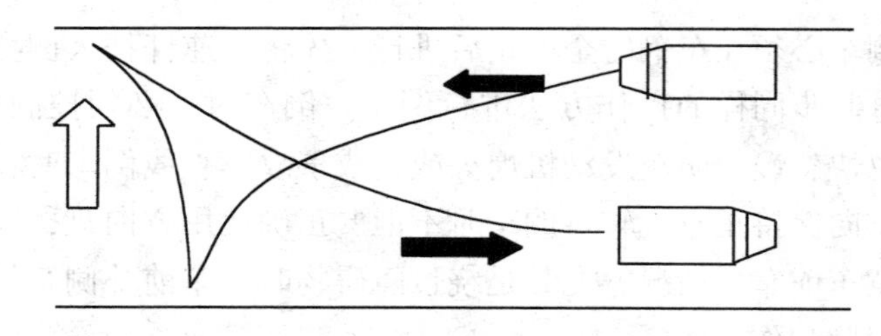

图4－3　二进一倒调头示意图

3. 多次顺倒车调头法

如果调头时路面窄狭，采用二进一倒调头法比较困难时可考虑采用此法（图4－4）。方法是，先使车向左转前行，待前轮到达路边时停车，再向右后方倒车；再向左前方行进，待前轮到达路边时停车，然后向右后方倒车至适当位置停车后再向左前方行进，驶入行车路线后即可向正前方行驶。

调头注意事项：

（1）应尽量避免在坡首、狭窄路段或交通繁杂的地方调头。

（2）严禁在桥梁、隧道、涵洞或交叉路口等处调头。

（3）调头前应用指示灯发出转向信号，调头结束解除信号。

（4）调头车速不宜太快。

（5）路边有障碍物时，进退应避免碰到障碍物。

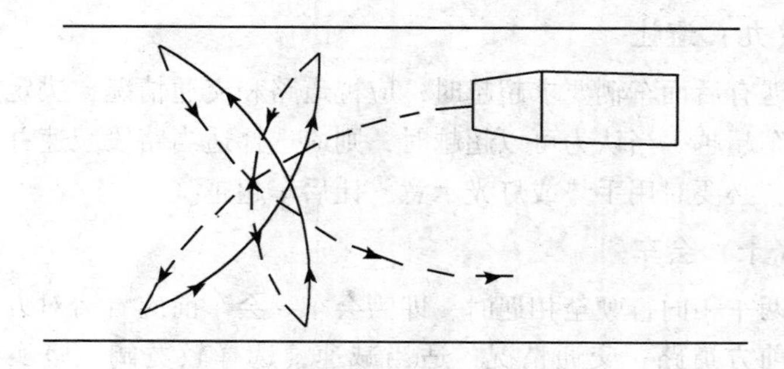

图4－4　多次顺倒车调头法

（6）反复进退时，向前应进足，后退则应留有余地。

（7）调头过程中应酌情鸣号，并注意过往车辆、行人及其他人员安全。

（八）超车

超车应选择在无禁止超车标志、路面宽阔平直、视线良好、路侧左右均无障碍以及前方 150m 以内没有来车的路段进行。超车要做到以下几点。

（1）超车前，应先驶向前车行驶路线的左侧，并鸣号通知前车，夜间则用断续灯光示意，待确认前车让车后，方可加速从前车左侧超越。超越后应继续沿超车路线前进，待与被超车有 20m 以上距离时，再驶入正常行驶路线。

（2）在超车过程中，如发现道路左侧有障碍或横向间距过小，有挤擦危险时，应谨慎超越或等越过障碍物后再行超越，切忌强行超越。

（3）超越停放车辆时，应减速鸣号，保持警惕，以防停车突然起步驶入路中，也要防止其车门突然开启，还应注意被车遮蔽处突然出现横穿公路的行人。在超越停站的车时，更应注意这一点。

（九）避让

遇有后面车辆要求超越时，应视道路和交通情况，决定是否让后车超越。当认为可以超越时，则应选择适当路段减速并靠右行驶，必要时用手势或灯光示意，让后车超越。

（十）会车

两车相向行驶至相遇时，即为会车。会车前应看清对方来车以及前方道路、交通情况，适当减速，选择较宽阔、坚实的路段，靠右侧鸣号缓行通过。会车时应主动让路，并注意保持车辆横向及车轮距路边的安全距离，不得在两车交会之际使用紧急制动。夜间会车，应在150m以外将前大灯远光改为近光。会车时要注意来车后边可能有人、非机动车等横穿公路。

七、安全操作规程

（一）安全常识

（1）联合收获机的驾驶和操作人员，必须接受安全教育，学习安全防护常识。要提醒参与收获作业的人员注意安全问题，要特别注意周围的儿童。驾驶和操作人员要穿紧身衣裤，不允许穿肥大的衣裤，男士不得系领带，女士要戴工作帽。收获机不得载人。

（2）遵守交通规则，听从交警的指挥，注意电线、树木等障碍物，注意桥梁的承重量，沟壑的通过性。

（3）驾驶员不得带病、疲劳驾车。

（4）熟悉操作技术，掌握驾驶要领。

（5）配备防火器具。收获机要佩带灭火器，发动机烟筒上要佩戴安全帽。

（6）不得开带有故障隐患的车。要保证制动器、转向器、照明大灯、转向灯、喇叭等部件没有故障。

（7）要参加安全保险。

（8）收获机不得与汽油、柴油、柴草存放在一起，不得把带电的导线绕缠在收获机上。

（二）安全操作

（1）每天作业前进行班次保养，确保机器各部件正常。不要把工具丢在机器内，以防伤人和损坏机器。

（2）行进中不准上下收获机，要注意电线、树木等障碍物，注意桥梁的承重量，沟壑的通过性。非机组人员不得上收获机。

（3）收获机运转和未完全停止转动前不得触摸转动部位。严禁把手指伸进割刀空隙间、链轮与链条间、皮带轮与皮带间等转动部位调试收获机，不得把手臂伸进滚筒撕拉麦草。机组维修时严禁启动机器，或转动任何部位。

（4）联合收获机卸粮时，不得把手伸进出粮筒口，向外扒粮，以防搅龙搅伤手臂。

（5）夜间维修和加油时，应佩带手电或车上工作灯，严禁用明火照明。发动机启动电路发生故障时，不得用碰火的方法启动马达。收获机上不得带汽油桶。

（6）驾驶和操作疲劳时，不得在田间、地头睡觉，启动和起步时应鸣喇叭。

（7）每次停车时，一定要把行走变速杆、工作离合器、卸粮离合器放在空挡上，以防再次启动时发生危险。

（8）严禁在电瓶和其他电线接头处放置金属物品，以防短路。中间维修、当日收工、焊接零部件时，一定要关闭总电源开关。

（9）收获机用于固定脱粒时，一定要切断割刀和拨禾轮等无关部位的传动。

（10）收获机不得在地面坡度大于15°的坡地和道路上作业和行驶。

(11) 收获机发生故障不能行驶需牵引时，牵引绳要挂在专门的牵引点上，不得挂在其他部位，更不得挂偏拉歪。牵引绳长要在5m左右，不能太短，一般要在同一前进方向牵引，以防拉歪翻车。

第三节　稻麦联合收割机

一、基本构造

用于收获稻麦为主的联合收割机大多是全喂入式的，其总体结构虽有差别，但工作过程都相同，主要工作部件的构造也大同小异。稻麦联合收割机由收割台、输送装置、脱谷部分、动力传动部分、发动机、底盘、液压系统、电器系统、驾驶室、粮箱、草箱等组成。牵引式联合收割机由拖拉机牵引，并由其动力输出轴驱动工作部件，这就省去了发动机和底盘，而需增加牵引架和传动轴。悬挂式联合收割机用拖拉机替换了发动机、底盘和驾驶室，而需增加悬挂架和传动轴。

(一) 收割台

收割台位于联合收割机的正前方，包括分禾器、拨禾轮、切割器、谷物螺旋推运器（割台搅龙）等，用于切割和运送作物。

1. 切割器

切割器是收割机上重要的通用部件之一。其功用是将谷物整齐的切割下来。其性能的好坏对于收获作业的顺利进行，降低收获损失等都具有很大的作用。因此，它必须满足不漏割、不堵刀；结构简单、适应性强；功率消耗少，振动小；割茬低而整齐等一些特定的要求。根据切割器结构及工作原理的不同可分为往复式、圆盘式和甩刀回转式3种。

(1) 往复式切割器其割刀作往复运动，结构较简单，适应性较广。目前在谷物联合收割机上采用较多。它能适应一般或较高作业速度（6～10km/h）的要求，工作质量较好，但其往复惯性力较大，振动较大。切割时，茎秆有倾斜和晃动，因而对茎秆坚硬、易于落粒的作物容易产生落粒损失（如大豆收获）。对粗茎秆作物，由于切割时间长和茎秆有多次切割现象，则割茬不够整齐。

（2）甩刀回转式切割器的刀片铰链在水平横轴的刀盘上，在垂直平面（与前进方向平行）内回转。其圆周速度为50～75m/s，为无支承切割式，切割能力较强，适于高速作业，割茬也较低。不适于在宽幅、多行收割机上采用，目前多用于牧草收割机和高秆作物茎秆切碎机上。

（3）圆盘式切割器的割刀在水平面（或有少许倾斜）内作回转运动，因而运转较平稳，振动较小。目前在牧草收割机、甘蔗收割机和小型水稻收割机上采用。

2. 拨禾器

在收割机和联合收割机上装有拨禾、扶禾装置，称为拨禾器，它所完成的功能是：把待割的作物茎秆向切割器的方向引导，对倒伏作物，要在引导的过程中将其扶正；在切割时扶持茎秆，以顺利切割；把割断的茎秆推向割台输送装置，以免茎秆堆积在割台上。因此，拨禾、扶禾装置能提高收割台的工作质量、减少损失、改善机器对倒伏作物的适应性。

目前，广泛应用的拨禾、扶禾装置有拨禾轮和扶禾器。前者结构简单，适用于收获直立和一般倒伏的作物，普遍应用于卧式割台收割机和联合收割机上；后者用于立式割台联合收割机上，它能够比较好地将严重倒伏的作物扶起，并能较好地适应立式割台的工作。

拨禾器种类较多，其中以拨禾轮和链齿式拨禾器应用最广。

3. 分禾器

左右分禾器的功用是将割台两侧的谷物分开，防止联合收割机碾压，同时起到将割台内侧的谷物向内收拢的作用。

4. 谷物螺旋推动器

谷物螺旋推运器由螺旋和伸缩扒指两部分组成。螺旋将割下的谷物推向伸缩扒指，扒指将谷物流转过90°纵向送入倾斜输送器，由输送链耙将谷物喂入滚筒。

（二）中间输送装置

用以将割台输送来的穗秆送入脱粒装置。有链耙式、带耙式和转轮式等类型。链耙式输送装置由于工作可靠，能实现连续均匀喂入，应用最广。它由矩形断面输送槽和带耙齿的环形链条组成。链条下端的从动链轮轴可以上下浮动，以适应喂入作物层厚度的变化，防止堵塞。链条速度为3～5m/s。带耙式输送装置是用带耙齿的环形胶带或帆布带代替环形链条，其结构简单，但输送带易打滑，输送速度为2～4m/s。转轮式输送装置由输送槽和若干个带叶片或齿杆的转轮组成，转轮线速度10～15m/s，各个转轮速度由下至上逐渐增高。

（三）脱谷装置

脱谷装置是联合收割机的主体，位于机器的后半部，也是联合收割机的核心部件。其功用是将进入脱粒室的谷物进行脱粒、分离、清选、集粮、卸粮等。由脱粒装置、分离装置、清选装置、集粮卸粮装置等组成。

1. 脱粒装置

由滚筒、凹板构成，有的在滚筒前设喂入轮。全喂入式谷物联合收割机的脱粒装置有多种形式。

（1）纹杆滚筒式。利用滚筒上纹杆与栅格状凹板对穗秆的搓擦作用脱粒，其脱粒和分离谷物的性能较好，谷物损伤和茎秆断碎也较少，能适应多种作物的脱粒，且构造简单，因而使用较广。但当作物湿度较大或喂入不均匀时，会降低脱粒和分离质量。滚筒直径多为450～600mm，少数800mm。纹杆数6～10根。纹杆顶面圆周速度和脱粒间隙随不同作物和湿度大小而异，作物湿度大时宜采用较高的速度和较小的间隙。

（2）钉齿滚筒式。利用钉齿的打击作用和梳刷作用脱粒。抓取作物和脱粒的能力较强，能适应在较潮湿作物和喂入量不均匀情况下脱粒，还能脱水稻、大豆等作物。但茎秆断碎较多，所需功率较大，其凹板分离能力差，只适用于稻麦两熟地区的谷物联合收割机上。滚筒的钉齿有板刀齿、斜面刀齿和楔齿等多种。

（3）双滚筒式。由前后两组滚筒凹板组成。前组为钉齿滚筒或纹杆滚筒，以较低的转速（比同类单滚筒低1/3～1/2）脱下大部分谷粒，通过凹板分离出去。后组为纹杆滚筒，以较高的转速（仅比单纹杆滚筒的圆周速度低2～3m/s）和较小的入口间隙（比同类单滚筒小1/3）脱下其余的谷粒。脱粒和分离质量较好，谷粒的损伤也很少。但构造复杂，所需功率大，茎秆断碎也多。

（4）轴流滚筒式。在以上3种脱粒装置中，穗秆都是沿滚筒圆周的切线方向流动，被称为切向流滚筒式脱粒装置。轴流滚筒式脱粒装置则在其滚筒的顶盖或外壳内设有螺旋导板，当穗秆喂入后，一边随滚筒作圆周运动，一边在导板的引导下沿滚筒做轴向移动。因此，脱粒的时间比切向流式长得多，其脱粒和分离能力也较强。在装有这种脱粒装置的谷物联合收割机上，一般不单设分离装置，以缩短机体长度。

谷物联合收割机滚筒的转速和间隙通过液压或机械装置进行调节，以适应收获不同作物、不同喂入量和不同含水量穗秆的需要。滚筒转速多采用三角胶带无级变速器调节。脱粒间隙的调节有：一是在机器停止运转状态下拧动调节螺母；一是在机器作业状态下，在滚筒发生超负荷瞬间扳动操纵杆使间隙迅速放大，负荷恢复正常后仍回复到原有间隙。

2. 分离装置

分离装置功能是将籽粒从脱出物中分离出来。常用的键式分离装置由逐秆轮和键式逐秆器等组成。逐秆器由4~6个纵向平行的键箱组成，各相邻键箱作上下前后交替运动，使脱粒后的茎秆层在梯级键面上被连续抛扔、交替跌落并同键面反复撞击，还被键箱两侧的叉齿叉松、振抖，从而使茎秆中夹带的谷粒穿过茎秆层和键面的筛孔，沿键箱底板流到阶梯抖动板上，茎秆则由键尾抛出机外。有些机型还装有拨秆式或旋转摆环拨指式辅助分离装置，以促使谷物从茎秆中分离出来。小型联合收割机一般采用平台式分离装置，靠平台抖动分离谷粒。还有一种转轮式分离装置，由前后倾斜排成一列的多个分离转轮和转轮下的栅状凹板组成。自下而上各轮的速度逐个增大，分离能力较强，对潮湿作物的适应性较好，但茎秆易破碎，仅用于联邦德国生产的少数联收机上。

3. 清选装置

常用的是风扇筛子式。由中压离心风扇产生的气流按25°~30°的仰角吹向双层摆动筛体，风扇出口处的风速达到8~10m/s时，可将筛前部的含杂谷粒混合物吹松，并吹走短茎秆、碎叶和草籽等轻杂质。调节风扇的转速、导风板方向和进风口的大小可获得适宜的风速、风量和风向。双层清选筛的上筛称颖壳筛，多数采用鱼鳞筛，其筛孔较大，筛片倾角和孔的大小可调，有较大的透风能力。下筛称谷粒筛，采用圆孔筛、鱼眼筛或小孔鱼鳞筛，谷粒通过筛孔后沿筛箱底板滑入谷粒推运器，筛面的少量杂余则由筛尾排走。少数机型还装有中层筛。

4. 集粮、卸粮装置

在大、中型谷物联合收割机上多装有粮箱，容积一般为 2～3m^3以至 8m^3 以上，个别机型超过 11m^3。卸空粮箱 1.5～2.5min。有些中小型谷物联合收割机配置卸粮台，由人工用麻袋装粮。茎秆处理装置按照不同的茎秆处理要求，有集草箱、茎秆打捆装置和茎秆切碎抛撒装置等类型。集草箱悬挂在机器的后部，承接由逐秆器排出的茎秆，装满后自动打开后栅门并使箱底后部下落，将成堆的茎秆排放在地面上。有些机型用打捆机构代替集草箱，将排出的茎秆打成捆后放落在地面，以便于装载运输。茎秆切碎抛撒装置可将排出的茎秆切碎后抛撒在地面，满足秸秆还田作肥料的要求。

（四）动力传动部分

动力传动部分主要由各种皮带、皮带轮、链条、链轮、摆动机构及调整装置组成。作用是将发动机传来的功率转变成大小、方向不同的速度和动力送到各工作部件。

（五）发动机

发动机为柴油发动机，位置在底盘的上边，用以驱动行走系统、液压系统和主机工作部件的作业。

（六）底盘部分

底盘部分主要由变速箱总成、行走机构等组成。自走式稻麦联合收割机的行走装置有轮式、履带式和半履带式等类型。常用的轮式行走装置包括前面两个大驱动轮和后面两个导向轮。驱动轮支承割台、驾驶室、发动机、粮箱和脱粒机体全部重量的 2/3 以上。较大的机型多采用全液压转向器，并通过液压驱动的三角胶带无级变速器调节行走速度。用于潮湿地区和以收获水稻为主的谷物联合收割机，常采用履带式、半履带式或四轮驱动的行走装置，以提高其通过性能，并采用气压为 20 ~ 60kPa 的超低压轮胎。

其中，履带式行走机构包括行走轮系、机架、橡胶履带。

（七）液压系统

液压系统是由液压油箱、齿轮泵、控制阀、割台升降油缸、拨禾轮升降油缸等组成的开式系统，它包括液压操纵、液压转向和行走装置的静液压驱动 3 部分。液压操纵部分包括割台和拨禾轮的升降、拨禾轮同行走无级变速液压操纵以及转向机构的液压操纵等；液压转向指全液压转向器。这两部分一般采用中低压系统，压力为 2.5 ~ 8MPa，常用齿轮油泵。行走装置的静液压驱动所需功率较大，一般采用 16 ~ 32MPa 的高压系统，常用轴向活塞变量泵带动一个定量或变量轴向活塞液压马达。采用静液压驱动可以免除三角胶带无级变速器的打滑现象，以保证稳定的行走动力特性。但传动效率较低，成本高，多在部分大型谷物联合收割机上使用。

（八）电气系统

电气系统是由启动、灯光、仪表、发电、倒车报警等部分组成。电气系统为负极搭铁，额定电压为：495 发动机 12V；4102 发动机 24V。

（九）驾驶室

驾驶室包括变速操纵杆、油门踏板与手油门、行走离合器踏板、驻车手柄、拨禾轮升降手柄、割台升降手柄、无级变速手柄、主离合器操作手柄、卸粮离合器操纵手柄、熄火手柄、电源开关等。

二、工作过程

拨禾轮将作物拨向切割器，切割器将作物割下后，由拨禾轮拨倒在割台上。割台螺旋推运器将割下的作物推集到割台中部，并由螺旋推运器上的伸缩扒指将作物转向送入倾斜输送器，然后由倾斜输送器的输送链耙把作物喂入滚筒进行脱粒。脱粒后的大部分谷粒连同颖壳杂穗和碎稿经凹板的栅格筛孔落到阶状输送器上，而长茎秆和少量夹带的谷粒等被逐稿轮的叶片抛送到逐稿器上。在逐稿器的抖动抛送作用下使谷粒得以分离。谷粒和杂穗短茎稿经逐稿器键面孔落到键底，然后滑到阶状输送器上，连同从凹板落下的谷粒杂穗颖壳等一起，在向后抖动输送的过程中，谷粒与颖壳杂物逐渐分离，由于比重不同，谷粒处于颖壳碎稿的下面。当经过阶状输送器尾部的筛条时，谷粒和颖壳等先从筛条缝中落下，进入上筛，而短碎茎稿则被筛条托着，进一步被分离。由阶状输送器落到上筛和下筛的过程中，受到风扇的气流吹散作用，轻的颖壳和碎稿被吹出机外，干净的谷粒落入谷粒螺旋，并由谷粒升运器送入卸粮管（大型机器则进入粮箱）。未脱净的杂余、断穗通过下筛后部的筛孔落入杂余螺旋，并经复脱器二次脱粒后再抛送回到阶状输送器上再次清选（有些机器上没有复脱器，则由杂余升运器将杂余送回脱粒器二次脱粒）。长茎稿则由逐稿器抛送到草箱（或直接抛撒在地面上）。

三、联合收割机安全驾驶技术

（一）基本驾驶知识与基本操作

1. 出车前的检查和准备工作

（1）各操纵装置的功能是否正常，离合器、制动踏板自由行程是否适当。

（2）发动机机油、冷却液是否适量。

（3）履带是否松动或损伤（履带式），轮胎气压是否正常（轮式）。

（4）仪表板指示灯、转速表的指示是否正常，喇叭是否鸣响，照明灯能否照明。

（5）驱动轮、脱粒滚筒等重要部位的螺栓、螺母有无松动。

（6）软管、电线包皮是否破损，有无漏水、漏油现象。

（7）割刀、脱粒齿、凹板筛网、切草机刀口等重要部件是否有严重的磨损或破损，间隙是否适当。

（8）分禾器、扶禾器（半喂入式）、拨禾轮（全喂入式）、割台机架等部件有无变形。

（9）各传动皮带、传动链、张紧轮是否松动或损伤，运动是否灵活可靠。

（10）发动机有无异响，排气烟色是否正常。

（11）试运转，从中油门到大油门，仔细观察各运动件，液压系统、行走系统是否正常，主离合器、卸粮离合器的结合与分离是否可靠。

2. 起步

（1）发动机发动后，必须以中速空挡暖车，待机油压力（0.3MPa）水温（40～60℃）正常后，方可开始负荷作业。

（2）起步时要鸣号，告知周围人员离开。

（3）起步要慢松离合踏板，同时加大油门，使机器平稳起步。

3. 变速（换挡）

联合收割机要根据道路和田间作物生长情况，改变行驶速度。有行走无级变速和换挡两种变速方式。换挡时，要先踏下离合器踏板后，然后拨动变速杆实现换挡。要求配合协调，达到快速、平稳、无声。绝不允许硬挂、猛推。

行走无级变速可实现各挡位的无级变速，不需停车，只需操作无级变速手柄即可。手柄上提，油缸活塞杆伸出，行走速度变慢，手柄中立，手柄自动回位，速度固定，手柄下压，油缸活塞杆收缩，行驶速度变慢。

4. 转向

任何情况下的转向都应在减速的过程中实现，先减速再转弯，其操作要点：转大弯时，方向盘慢转慢回正，转小弯时，方向盘快转快回正。回方向盘一定要在转弯结束之前开始。

联合收割机机体较大，转弯时，一定要瞻前顾后，注意观察周围情况，以防碰及他物。

5. 倒车

低速小油门，缓慢倒车，前后照顾，基本同前进时的转向操作。

（二）道路驾驶

1. 道路驾驶的基本要求

（1）联合收割机体积大，重心高，稳定性差，加之农村田间道路狭窄、不平，在转移行走时，要小心谨慎，慢速行驶，防止翻车。

（2）通过村镇、桥梁或繁华地段时应有人护行。

（3）上、下车船用低速挡并有人指挥。

（4）上下陡坡时，最大允许坡度不应超过使用说明书上的规定值。一般须前进上坡，倒退下坡。

（5）在上下坡过程中，一般不准换挡。

（6）停车时要用驻车制动器制动并用定位器卡住制动踏板，不准在斜坡上停车。

（7）在道路转移时应将左、右制动板联锁，防止单边制动。

（8）收割台提升到最高位置并予以锁定。

（9）联合收割机在公路行驶时，应严格遵守交通法规。

2. 道路驾驶的注意事项

（1）严格按照交通法规的要求行驶，在道路上驾驶时要各行其道，有秩序地前进。在未设分道线的道路上，保持在路的中间行驶。

（2）在通过乡村道路的小桥时，应注意下车观察桥面情况，确认无危险后再驾车通过。

（3）驾驶联合收割机穿越城市前，要熟悉交通信号、交通标线、交通标志和城市行车的有关规定。进入城市后，要注意服从交通指挥信号及交通警察的指挥。

（4）在农村遇到集市时，自行车和畜力车挤满街道，路上顾客云集，动态十分复杂，行车比较困难时，要注意低速缓行，切不可用联合收割机强行挤开人群。必要时果断改变行车路线，绕道行驶。

（5）要注意加强对路上行人动态与自行车动态的判断。在遇到行人或自行车不肯让路时，要耐心跟行，切勿意气用事，并列挤行。若遇到少年儿童在路上玩耍时，要减速、鸣号，必要时停车避让。

（6）要注意掌握夜间行车的特点。联合收割机在夜间转移时要振作精神，谨慎驾驶。除掌握夜间行车的基本知识外，还要注意以下几点：①按规定要求使用灯光；②在穿越集镇或村庄时，应鸣号减速行驶；③在夏季大忙期间，要注意路边乘凉、睡觉人的安全。

（三）作业组织

为了使联合收割机能安全有效地进行作业，提高机器的生产效率，在机器下田作业之前，应勘察田块的条件和作物的状态是否适应机器收割，并对收获作业进行合理的组织。

1. 制订作业计划

收获作业的季节性很强，对某一地区来说，收获期一般都较短。为了完成收获作业，取得良好的技术经济效益，一定要按照农业生产的要求和自然条件，合理地组织生产，制订收获作业计划，做到心中有数。作业计划的内容主要是明确机器担负的收割面积，每块田的作业日期，预计每天的作业量，完成全部收割任务的日期，作业质量要求和地块转移路线等。

掌握适宜的收割日期对收获效率和作业质量十分重要。收割过早，籽粒发软，茎秆潮湿发青，不仅会故障多，效率低，损失大，破碎率高，而且收获的粮食品质差，千粒重减小，影响收成；收割过迟，穗头下垂，茎秆倒伏，籽粒易脱落，使收获困难，损失增大。由于联合收割机一次完成收割与脱粒，不能利用作物的后熟作用，因此收割时间一般要比人工收割要晚一些。对于小麦，在蜡熟期的末期和完熟期初期收割最合适；对于水稻，一般在黄熟期和完熟期初期收割最合适。当然，每块田的具体收割日期还应考虑天气因素、劳力安排、地块转移等因素。

2. 人员物资准备

为了保证联合收割机可靠地作业，应对参加作业机务人员进行编组，明确人员工作任务，加强安全教育，加强实践训练，提高技术水平。一台联合收割机机组一般应配备驾驶员 1～2 名，接粮员 1～2 名。卸下的麻袋应有专人、专车负责运回晾晒场。对于用车辆卸粮的联合收割机要准备专用卸粮车辆。

3. 道路准备

为使联合收割机安全顺利地进行作业和转移地块，在正式作业前，应对联合收割机行走的道路进行查看。查看道路宽度能否通过，在道路中间和路旁有无影响机器行走的障碍物、凹坑、树枝等，若有，应清除、填平。确实不能清理的障碍物要做出明显的标志，提醒驾驶员注意。在选择联合收割机行走的道路时，应尽量避开狭窄、坡陡的路段。

4. 田块的准备

田块准备的目的是为联合收割机入区作业和正常收割打下基础，使联合收割机能高效、优质、安全、低耗地进行工作。田块准备的主要内容是填平影响收割机行走作业的田埂、沟渠、洞穴、凹坑，清除田间的土堆、树桩、石块、竹竿等。对难以清理的障碍，应做出明显的标志。除此之外，还应了解和查看田块的大小、形状，作物的品种、高矮、成熟日期、单位面积产量和倒伏程度，土壤潮湿程度或泥脚深度。为方便联合收割机下地、转弯、卸粮，如田埂较高，应用人工或机器将田头、四角、田埂边、卸粮道等处的作物收割，以减少联合收割机作业时的空驶行程。

（四）田间作业

联合收割机进入田间作业之前，首先要根据田块条件、道路条件及机器的结构特点，选择好进入田块的地点及机器作业路线，并正确开好割道，然后再选择合适的作业方法进行收割。

1. 试割

试割作业：试割联合收割机作业之前必须进行试割，试割的目的是对机器调试后的技术状况进行一次全面的现场检查，并根据作业情况和农户要求进行必要的调整。

将联合收割机开到距待收作物一定距离处停下，在出粮口挂好接粮袋（有集粮箱则不需要）。在发动机低速运转下，平稳地接合工作部件离合器，使工作部件慢速转动，并将割台降到预计的割茬高度。如果各个部分运转正常，则逐渐将油门加到最大，使发动机转速达到标定转速。踏下离合器踏板，切断行走离合器动力，将变速箱变速杆放到低挡位置，然后平稳地接合离合器，联合收割机前进即开始收割作物。收割 10 ~ 20m 后，分离行走离合器，联合收割机停止前进收割，但发动机仍应保持大油门运转10~20s，等到已割的作物全部通过机器脱粒清选系统后，再减小油门，降低发动机转速，分离工作部件离合器，使各工作部件停止运动，变速箱挂空挡，然后关闭发动机。

试割完后应进行必要的检查：①检查联合收割机作业质量。主要检查粮箱内粮食的清洁度（或含杂率）、籽粒破碎率、排草口作物的脱净率、排杂口籽粒清选损失率、割茬高度等。各项指标应符合使用说明书或有关规定的要求。如不符合，必须对有关部分进行再调整。②检查联合收割机是否存在故障。重点检查各部件的紧固情况，各润滑部位（轴承）处的温度是否正常，各传动带或传动链条的张紧度是否正确。对联合收割机进行调整后，按上述步骤再次进行试割，再次检查作业质量，直到符合要求为止。在机器试割过程中，要注意观察各工作部件工作情况，特别是要查看割刀切割是否正常，割台上的作物拨送喂入是否均匀、流畅，各传动系统工作是否平稳，机器工作声音是否正常，有没有异常气味。试割完成后，机器便可投入正常作业。

2. 联合收割机田间驾驶操作步骤

（1）机器进入田块前，在出粮口挂好接粮袋，将机器开到与田埂垂直位置（田埂较高时，须将田埂挖平或使用跳板）。

（2）接合收割机的动力接合手柄（小油门下接合动力可防止传动皮带的早期磨损）。

（3）降下割台。

（4）踩下离合器踏板。

（5）挂挡后先加大油门。

（6）松开离合器踏板对田间作物进行收割。

3. 联合收割机田间作业过程中注意事项

（1）联合收割机作业过程中，应尽量走直线，并保持油门稳定，不允许用减小油门的方法降低联合收割机的行走速度。如感到机器负荷较重时，可以踏下离合器切断行走动力，让联合收割机把进入机器的谷物处理完毕，或负荷正常后再继续前进。

（2）机器收割到地头后，应提升割台，转动方向盘使机器转弯。地头转弯时，虽割刀已不切割作物，但发动机仍应保持大油门运转 10～20s，然后才能减小油门慢慢转弯。

（3）田块作物全部收割完后，先慢慢降低发动机转速，再分离工作部件离合器。

（4）在作业时，驾驶员不但要操作机器，而且要做到“眼观六路，耳听八方”。要做到“六看、二听、一闻、三不割”。“六看”：一看前方有无障碍物；二看割台作物喂入输送是否均匀流畅；三看割茬高低；四看粮仓来粮情况；五看尾部出秸秆情况；六看仪表指示是否正常。“二听”：一听发动机声音是否正常；二听割台、脱粒清选部件运转声音是否正常。“一闻”：注意有无传动皮带因打滑产生高温而发出的气味。“三不割”：露水太大时不割；脱粒不净不割；清选不净不割。

4. 联合收割机跨越田埂时作业要领

机器收割时，一般应顺田埂收割，但有时要跨越田埂收割，在过田埂时，若操作不正确，可能使割刀“吃泥”，也可能造成漏割或漏脱，正确的操作步骤如下。

（1）当割台接近田埂时，应逐渐将液压升降手柄向后拉，使割刀逐渐抬起越过田埂。

（2）当割刀越过田埂后，将液压升降手柄推到原位，降下割台。

（3）当前轮或履带的前部跨越田埂时，应随着前轮或履带的前部的升高，将液压升降手柄继续向前推，使割刀继续往下降，以保持和地面的距离不变。

（4）当前轮或履带的前部越过田埂后，随着前轮或履带前部的降低，将液压升降手柄逐渐拉回到原位，将割台回到原位，使割茬高度不变。

（5）当后轮越过田埂时，随着后轮的升高，应将液压升降手柄继续向后拉，以提高割台，以防止割刀铲泥。

（6）当后轮越过田埂后，随之降低割台，使其恢复原位。在跨越田埂的全过程中，必须保持发动机油门在中大油门位置，以保证机器工作部件正常工作。在跨越田埂时，要求联合收割机要垂直通过。对于过高的田埂应铲平。

5. 联合收割机复杂条件下的收获作业

（1）适当提高割茬高度，以减少作物的喂入量，如收获效果仍不理想，可降低前进速度或适当减小割幅。

（2）由于收获高秆大密度作物，喂入量较大，要取得较为理想的作业效果，除了采取正确的操作方法外，还必须对机器的技术状态进行适当的调整。否则，易导致脱粒不净、清选效果差，严重时还会引起机器的堵塞。①为取得较好的拨禾、输送效果，应调整拨禾轮的状态：使拨禾轮的弹齿转角略向前偏转；将拨禾轮的前后位置向前调；将拨禾轮的高低位置适当调高些，以弹齿在作物高度2/3处为宜；将拨禾轮的转速适当调低些，使拨禾轮圆周速度比前进速度略低。②为增大谷物的输送能力，防止谷物输送堵塞，应适当调大割台搅龙与割台底板以及输送槽或倾斜输送器的从动辊与喂入口底板之间的间隙。螺旋搅龙叶片与割台底板之间间隙可调至20～30mm；割台搅龙伸缩齿位置可调至前方伸出量加大，以利于抓取作物，避免悬挂作物；输送槽或倾斜输送器从动辊与喂入口底板之间的间隙可调至10～20mm。③为取得较好的脱粒效果，可适当提高滚筒转速，并适当加大脱粒间隙。④为取得较好的清选效果，可适当加大风扇风量，适当调大筛片的开度。

（五）联合收割机应急驾驶技术

交通事故的发生，往往是因突然情况所致。这就要求驾驶员应具备良好的心理素质和掌握一定的联合收割机应急驾驶技术措施，以便在遇到险情时能临危不慌，冷静地采取行之有效的方法，从而化解或减轻事故的危害程度。

1. 应急驾驶原则

（1）无论遇到何种紧急情况应沉着镇定，在短暂的瞬间做到正确判断，采取措施。

（2）减速和控制好行驶方向。为了减轻农机事故的损失和程度，最有效的措施无非就是减速、停车或是控制方向、避让障碍物两种办法。若发生紧急情况时车速较低，要重方向，轻减速。若发生紧急情况时车速较高，要重减速，轻方向。

（3）先人后物，先他后己。

（4）就轻处置。危急关头，损失大小的选择应以避重就轻为原则。

2. 应急驾驶技术

（1）爆胎应急驾驶技术。联合收割机行驶中可能发生爆胎，伴有爆破声，出现明显的振动，转向盘随之以极大的力量自行向爆胎一侧急转，很容易发生碰撞事故，此时应采取以下应急措施：当意识到爆胎时，双手紧握转向盘，尽力抵住转向盘的自行转动，极力控制联合收割机直线行驶方向。在控制住方向的情况下，轻踩制动踏板（绝不要紧急制动），使联合收割机缓慢减速，待车速降至适当时候，平稳地将收割机停住。切忌慌乱中向相反方向急转方向盘或急踩制动踏板，否则将发生蛇行或侧滑，导致翻车或撞车重大事故。

（2）侧滑应急驾驶技术。当联合收割机在泥泞、溜滑路面上紧急制动或猛转方向时，联合收割机失去横向摩擦阻力，易产生侧滑、行驶方向失控，以致向路边翻车、坠车或与其他车辆、行人相撞。此时应采取以下应急措施：当制动引起侧滑时，应立即松抬制动踏板，并迅速向侧滑同方向转方向盘，且及时回转方向，即可制止侧滑，修正方向后继续行驶。当转向或擦撞引起侧滑时，不可踩制动踏板，而应依上面方法利用转向盘制止侧滑。应特别牢记：往哪边侧滑，就往哪边转方向，绝不可转错方向，否则，不但无助制止侧滑，反而使侧滑更厉害。

（3）倾翻应急驾驶技术。联合收割机倾翻一般都有先兆预感，当感到不可避免地将要倾翻，应采取以下应急措施：当收割机倾翻力度不大，估计只是侧翻时，双手紧握转向盘，双脚钩住踏板，背部紧靠座椅靠背，尽力稳住身体，随车一起侧翻。当倾翻力度较大或路侧有深沟，有可能连续翻滚，则应尽量使身体往座椅下躲缩，抱住转向杆，避免身体在车内滚动。有可能时，也可跳车逃生。跳车的方位应向翻车相反方向或运行的后方。落地前双手抱头，蜷缩双腿，顺势翻滚，自然停止。不要伸展手腿去强行阻止滚动，反而可能加剧损伤。翻车时，感到不可避免地要被甩出车外，则应毫不犹豫地在甩出的瞬间，猛蹬双腿，助势跳出车外（落地动作同上述一样）。

（4）撞车应急驾驶技术。当联合收割机已无可避免撞车时，务必镇定，迅速判断碰撞部位，果断地选择避让方式。

联合收割机碰撞无非正面碰撞、侧面碰撞和追尾碰撞等几种。

应区别情况，采取以下应急措施：①当收割机有碰撞可能时，首先应控制方向，顺前车或障碍物方向，极力改正面碰撞为侧撞，改侧撞为刮擦，以减轻损失程度。②若碰撞部位在右侧，撞击力尚小时，双手臂应稍曲，紧握转向盘，以免肘关节脱位，身体向后倾斜，紧靠座椅靠背，同时双腿向前挺直抵紧，使身体定位稳定，不致头部前倾撞击挡风玻璃，胸部前倾撞击转向盘。

③刮擦时，车门最易脱开，这时身体应稍向右侧倾斜，双手拉住转向盘，后背尽量靠住座椅靠背，稳住身体避免被甩出车外。④若撞击部位接近驾驶员座位或撞击力相当大时，则应毫不犹豫地抬起双腿，双手放弃转向盘，身体侧卧于右侧座上，避免身体被转向盘抵住受伤。

（5）转向失控应急驾驶技术。联合收割机行驶中，往往由于突然转向失效，情况十万火急，此时，应以尽量减轻损伤为原则，采取以下应急措施：联合收割机若仍能保持直线行驶状态，前方道路情况也允许保持直线行驶无恙时，切勿惊惶失措，随意紧急制动，而应轻踩制动踏板，轻拉驻车制动操纵杆，缓慢平稳地停下来。当联合收割机已偏离直线行驶方向时，事故已经无可避免，则应果断地连续踩制动踏板，使拖拉机尽快减速停车，起码可以缩短停车距离，减轻撞车力度。

（6）制动失灵、失效应急驾驶技术。联合收割机行驶中，往往由于制动管路破裂或制动液压力不足等原因，突然出现制动失灵、失效现象，对行车安全构成极大威胁。此时，应该采取以下应急措施：当出现制动失灵、失效时，立即松抬油门踏板，实施发动机牵阻制动，尽可能利用转向避让障碍物，这是最简单、快捷、有效的办法。还可连续多次踩制动踏板，以期制动力的积聚而产生制动效果。在前段发动机牵阻制动的基础上，车速有所下降，这时可以利用抢挡或拉动驻车制动操纵杆，进一步减速，最终将联合收割机驶向路边停车。要特别记住，当出现制动失效，无论车速降低与否，操纵转向盘、控制行驶方向、规避撞车是第一位的应急措施，只有当暂时不会发生撞车事故时，才可腾出手来抢挡、拉驻车制动操纵杆。

（7）途中突然熄火应急驾驶技术。行驶时，往往由于供油中断或断火，使发动机停止工作，一时无法再次启动，可能使联合收割机停在行车道上而发生撞车事故。当发生这种情况，应采取以下应急措施：扭转点火开关，试图再次启动。若启动成功，不要继续行驶，而应驶向路边停车检查，查明原因，排除隐患后再继续行驶。开右转向灯，利用惯性，操纵方向盘，使收割机缓慢驶向路边停车，打开停车警示灯，检查熄火原因，及时排除。

（8）下坡制动无效应急驾驶技术。联合收割机在下长坡时，往往长时间使用制动器而发热，使制动效能衰退或气压不足，制动减弱，使车速越来越快，无法控制车速，很有可能造成事故。此时应采取以下应急措施：首先察看路边有无障碍物可助减速或宽阔地带可迂回减速、停车。当然最好是利用道路边专设的紧急停车道停车。若无可利用的地形和时机，则应迅速抬起油门踏板，从高速挡越级降到低速挡，利用变速器速比的突然增大，发动机牵阻作用加大，遏制车速，利于控制车速和操纵行驶方向。若感觉联合收割机速度仍然较快，可逐渐拉紧驻车制动器操纵杆，逐步阻止传动机件旋转。拉动时注意不可一次紧拉不放，以免将驻车制动盘“抱死”而丧失全部制动能力。

（六）安全操作规程

安全操作规程如下。

（1）驾驶人员必须经农机管理部门正规的技术培训，并取得收割机驾驶操作或农田作业证。

（2）出车前要严格按照使用说明书要求做好班保养，注意下水田部位行走系统的维护和保养，以确保收割机处于良好的技术状态。

（3）作业时，收割机上可乘坐接粮员 1 人（大型机可坐 1 ~ 2 人），不准乘坐与操作无关的人员。

（4）新的或经过大修后的收割机，使用前必须严格按照技术规程进行磨合试运转。未经磨合试运转的，不准投入正式使用。

(5) 发动机启动前，应将变速杆，动力输出轴操纵手柄置于空挡位置（履带式机型将工作离合器置于分离位置）。

(6) 收割机起步，接合动力（或工作离合器）、转弯、倒车时应事先鸣喇叭或发出信号，并观察机器前后左右是否有人，接粮员是否坐稳；起步、接合动力挡时速度应由慢逐渐加快；转弯、倒车动作应缓慢。

(7) 作业中，驾驶员要集中注意力，观察、倾听机器各部件的运转情况，发现异常声或故障时，应立即停车，排除故障后方可继续作业。

(8) 接粮人员工作时要注意力集中，如发现出谷搅龙堵塞或其他故障时，应立即通知驾驶员停机并排除故障，在机器未完全停止运转前，严禁用手或工具伸入出粮口，以免造成人身伤亡事故。

(9) 严禁在机器运转时排除故障，禁止在排除故障时启动发动机或接合动力挡（工作离合器）。

(10) 收割机在较长距离的空行中或运输状态时，应脱开动力挡或分离工作离合器；长距离道路行驶时，应将割台拉杆挂在前支架的滑轮轴上。

(11) 机组在转移途中或由道路进入田间时，应事先确认道路、堤坝、便桥、涵洞等能否承受机组重量，切勿冒险通行。行驶途中左、右制动踏板应连锁，注意观察道路前方车辆、行人动态，遇有情况时，应立即减速靠右行，必要时应停车避让。上、下坡和上、下渡船以及通过狭窄地段时，应有人协助指挥驾驶。严禁在不平道路上高速行驶，禁止空挡或发动机熄火溜坡。

(12) 作业过程中，水箱水温过高时，应立即停车，待机温下降后再拧开水箱盖，添加冷却水。如发现发动机工作时断水、严重过热时，应立即怠速运转，降低机温后，再徐徐加入冷水。严禁停车后立即加入冷水，以免机体开裂。冷却水开锅需要打开水箱盖时，严禁用手直接打开箱盖，应用抹布或麻袋包住水箱盖后，先轻旋使水箱内蒸汽跑出，待水箱内外压力一致时，方可打开水箱盖。注意操作时人不可正对着水箱操作，小心防止水蒸气冲出将人员烫伤。

（13）田间固定脱粒时，应事先将拨禾轮上的传动皮带放松卸下，并取下拨禾轮，以便手工喂入作物。喂入时要尽量均匀，防止堵塞。脱粒时，驾驶员应自始至终在驾驶位置上，以免发生意外。

（14）收割机任何部位上不得承载重物。

（七）收割机的停放

收割机的停放规程如下。

（1）收割机停止作业后，驾驶员必须将变速操作杆置于空挡位置。

（2）必须取下启动钥匙，断开电源总开关，并可靠的提上手刹车。

（3）最好不要在秸秆及杂草上停车，以免发生火灾。

四、联合收割机的维护保养

联合收割机构造复杂，价格昂贵，但由于受作业项目的限制，其工作时间较短，存放保管时间却很长，加之联合收割机的工作对象是泥、水和作物，面临暴晒、雨淋的恶劣作业条件，客观上由于泥、水、尘的长期渗入造成了对机具技术状态的破坏，技术保养是消除这些不利影响，恢复机具的技术状态，延缓磨损，增加使用寿命，提高经济效益的重要环节。联合收割机驾驶员平时必须注意对机器进行保养，养成习惯。

（一）每日技术保养

每日技术保养又分为班前、班中和班后保养，其中班前、班中保养着重于检查润滑和必要的调整，而班后保养着重于保证机器的良好的技术状态，以准备新一天的工作。

班前保养的主要内容是检查油箱、水箱的油水的存量，不足时给予补充。按机器铭牌所示润滑点加注润滑油，对各传动带、链的张紧情况予以检查，并进行适度张紧。

班中保养一般在作业4h左右，利用中午休息时作重点工作部件的检查，清除缠草和杂草，对各轴承的发热情况予以关注，重要润滑点加注润滑油。

班后保养是在结束一天的收割作业，各工作部件连续负载8h左右，进行一次全面的保养。

（1）清理机器上各工作部件上的颖壳、碎草禾衣、泥土等附着物。如切割器上的残草、割刀驱动偏心轮轴的缠草，散热器上的尘埃，筛面上的残余，滚筒凹板两侧壁间隙中的残茎秆、驱动轮、支重轮及轴附着的泥等均应完全清除。

（2）检查各工作部件的紧固情况，各轴承的正常位置，对松动件应加以紧固。

（3）对已严重磨损的三角带和链节要进行更换。

（4）对操纵杆操纵的灵活性和准确性予以仔细的检查，对刹车和左右制动状态进行鉴定。

（5）对液压升降系统进行油箱油位，管路的渗漏情况、密封情况的检查和确认。

（6）清理空气滤清器的保护网和滤芯，必要时应进行清洗，待干后浸机油装回。

（7）检查变速箱、燃油泵，及时添加机油，疏通燃油箱盖通气孔，清洗燃油滤清器。

（8）全面按润滑点加注润滑油。

（二）季节性技术保养

每年夏、秋两个收割期完成后，必须对联合收割机进行入库前的季节性保养，否则不准入库，季节性保养应遵循如下程序：

（1）彻底清除机器上的泥、草、尘等附着物，排净水平和垂直搅龙、粮箱及中间输送装置上下交接口处的残留籽粒。

（2）放松全部传送带、链及弹簧、履带张紧放松。并对链和弹簧加润滑油封好，皮带需用肥皂水洗净后，擦干存放。

（3）对各滤清器进行清洗，包括散热器片。检查变速箱机油，液压油箱，视状态进行更换。

（4）检查行走离合器及主离合器摩擦片、分离轴承，视情况进行调整和更换。

（5）对各球面轴承可拆下轴承，从外圆小孔加注润滑脂。

（6）拆除蓄电池电源线，倒出电池液，并用蒸馏水反复冲洗电瓶，并待干后封口。

（7）清洗干净的切割器、链轮均要涂防锈油防止锈蚀。

（8）检查各工作部件的零部件的损坏情况，并视情况予以修理或更换。

（9）对各运动部件进行充分的润滑。

（三）保管

联合收割机每年纯作业时间约 2 个月，除此之外，有 10 个多月的时间都是停放保管。保管的好坏直接关系机器的技术状态是否下降，使用性能是否下降，因此，用户和管理部门都必须重视保管。

联合收割机的结构特点主要是钣金结构件，容易变形和锈蚀。应选择通风、干燥的室内存放，履带不得与汽油、机油等物接触，禁止露天摆放，并遵守如下规程。

（1）入库保管之前必须完成收割季节后的保养。

（2）放松全部传动皮带和链轮、弹簧。

（3）割台放到最低位置并在其下垫木架空，履带放松后最好在下面垫两块木板。

（4）卸下蓄电池。

（5）在切割器和链轮涂防蚀油。

（6）在保管过程中每月对液压操纵阀和分配阀在每个工作位置上扳动15次，转动发动机曲轴几圈，使活塞、气缸等重新得到润滑。

（7）加盖篷布，防止灰尘及杂物进入。

五、联合收割机的常见故障与排除

联合收割机是重要的作业机械，由于其功能多，结构复杂，作业时间短，因此要充分发挥联合收割机的作业水平，提高作业效率，增加机手的经济收入，联合收割机手应该熟练地掌握联合收割机作业中常见的故障和排除方法。全喂入联合收割机一般是割台部分及脱粒清选系统容易出现故障。

（一）割台部分故障

1. 割刀堵塞

故障原因：定刀片与动刀片之间的间隙过大；刀片和护刃器损坏；割茬过低，割刀上塞土；割到铁丝、木棍等硬质杂物；作物太湿；传动胶带打滑。

排除方法：调小定刀片与动刀片之间的间隙；更换刀片或修理护刃器；提高割茬高度；清除硬质杂物；实时收割；张紧传动胶带。

2. 割台前部堆积谷物

故障原因：作物太矮，割下作物短而稀少；拨禾轮偏前偏高，不能有效地将作物拨向搅龙；拨禾轮转速调得太低（部分机型的拨禾轮转速可以调整）；割台搅龙和割台底板间隙过小或过大。

排除方法：尽量降低割茬高度；调整拨禾轮（注意拨齿不要

与搅龙叶片相碰）；提高拨禾轮转速；按要求调整割台搅龙与割台底板之间的间隙。

3. 割台搅龙堵塞

故障原因：作物太矮或割茬过高，导致喂入不均匀；作物产量高，喂入量大；割台底板变形或割台搅龙安装不当，导致割台搅龙与割台底板间间隙不对；喂入口集谷太多；皮带打滑。

排除方法：降低割茬高度，适当降低拨禾轮；降低前进速度，减少割幅；校正割台底板或重新调整割台搅龙与割台底板的间隙；清理积谷；张紧传动胶带。

4. 割下的作物向前倾倒

故障原因：收获机前进速度和拨禾轮转速配合不协调，收获机前进速度偏高，拨禾轮转速偏低；切割器壅土或切割器不能正常工作。

排除方法：降低前进速度，提高拨禾轮转速使之协调；清除塞土或检修切割器。

5. 拨禾损失过大

故障原因拨禾轮转速太高，打击次数多；拨禾轮位置偏前，打击强度高；拨禾轮位置偏高，打击穗头。

排除方法：降低转速；后移拨禾轮；降低拨禾轮的位置。

（二）脱粒清选系统故障

1. 滚筒堵塞

故障原因：滚筒传动胶带松动使滚筒转速降低或原来调整得偏低；喂入量偏大；作物潮湿，茎秆韧性较强；发动机转速未达到标定转速。

排除方法：首先关闭发动机，清除堵塞茎秆，然后针对故障原因，检查胶带松紧度和滚筒转速，使胶带松紧度和滚筒转速符合要求；降低前进速度或提高割茬或减少割幅，以减少喂入量；适当延迟收割或降低喂入量；将油门拉到位，使发动机达到标定转速。

2. 滚筒脱粒不净

故障原因：脱粒间隙过大；滚筒转速不够；喂入量偏大或喂入不匀；纹杆或钉齿磨损或损坏；凹版栅条变形。

排除方法：减少凹板出口间隙；提高滚筒转速；降低收获机前进速度或减少割幅；更换纹杆或钉齿；更换、修复凹板栅条。

3. 籽粒破碎率高

故障原因：滚筒转速过高；脱粒间隙过小；复脱器复脱作业过强；籽粒进入杂余搅龙过多。

排除方法：降低滚筒转速；调大滚筒间隙；适当减少复脱器的搓板数；适当减少风扇的进风量，开大筛子的前段开度，以减少进入杂余搅龙的数量。

4. 滚筒室中有异响

故障原因：滚筒内进入硬质杂物；螺钉脱落或纹杆、钉齿损坏；滚筒变形或不平衡；滚筒轴向窜动；轴承损坏。

排除方法：排除滚筒室异物；更换螺钉、纹杆或钉齿；修复变形，重做滚筒平衡；调整并紧固螺钉，消除滚筒轴向窜动；更换损坏的轴承。

5. 清选损失偏多（排出的颖糠中籽粒偏多）

故障原因：定筛片开度偏小；风扇的风量偏大或偏小；喂入量过大；滚筒转速太高，清选负荷过大。

排除方法：调大筛片开度；调整调风板开度，使风量适度；降低收获机前进速度；提高割茬，减少喂入量；降低滚筒转速，减少清选负荷。

6. 籽粒清洁度低（粮中含杂率偏高）

故障原因：上筛前段筛片开度偏大；风量偏小。

排除方法：适当加大调风板开度。

7. 茎秆中夹带籽粒太多

故障原因：凹板筛下部堵塞；脱粒清选部件转速低；作物过于潮湿或杂草过多，喂入量太大。

排除方法：清理凹板筛下部堵塞物；检查发动机转速及脱粒清选皮带的松紧度；减少喂入量。

（三）液压系统故障

1. 液压系统所有油缸接通控制阀时均不能工作

故障原因：油箱油位过低；油泵工作情况不良或安全阀的调整和密封不好。

排除方法：检查油位，加液压油，如泵密封不好或磨损过度更换新泵，否则调整或更换控制阀中的安全阀。

2. 割台升降迟缓

故障原因：安全阀密封性不好或调整不正确；节流板放置位置不对；吸油管不通畅，有死弯。

排除方法：更换调整控制阀中安全阀；重新安装；使油管通畅。

3. 拔禾轮不能上升

故障原因：油管连接的接头没拧到位；节流孔堵死。

排除方法：将接头拧到位；清理节流孔。

4. 液压方向机转向跑偏

故障原因：拨销变形或损坏；弹簧片失效，回位不正。

排除方法：更换或清理拨销；更换弹簧片。

5. 液压方向机转向失灵

故障原因：液压油不足；液压泵密封损坏；转向油缸进入空气。

排除方法：检查油面，添加液压油；检查修理或更换；排气。

6. 液压转向机转向费力

故障原因：液压油黏度大或冷凝；方向机发生故障；油泵供油不足。

排除方法：更换新油；检查、排除。

第四节　玉米联合收割机

一次完成摘穗（剥皮）、收集果穗（或摘穗、剥皮、脱粒），同时对玉米秸秆进行处理（切段青贮或粉碎还田）等项作业的为玉米联合收获技术。具有这种联合作业功能的机具称为玉米联合收割机。

一、玉米联合收割机的类型

玉米联合收割机大体可分为4种类型：背负式机型、自走式机型、玉米专用割台、牵引式机型。

（一）背负式玉米联合收割机

背负式玉米联合收割机（图4－5）也称悬挂式玉米联合收割机，即与拖拉机配套使用的玉米联合收割机，用拖拉机做底盘，把整台联合收割机悬挂组装在拖拉机上进行收获作业。作业结束后再把它拆卸下来存放。它可提高拖拉机的利用率、机具价格也较低。但是受到与拖拉机配套的限制，作业效率较低。目前国内已开发有单行、双行、三行等产品，分别与小四轮及大中型拖拉机配套使用，按照其与拖拉机的安装位置分为正置式和侧置式，一般多行正置式背负式玉米联合收割机不需要开作业工艺道。

图 4－5　背负式玉米联合收割机（4YW－3 型）

（二）自走式玉米联合收割机

自走式玉米联合收割机（图 4－6）自带动力的玉米联合收割机是专用玉米联合收割机机型，可一次完成玉米的摘穗、剥皮、输送、集仓、秸秆切碎还田（或秸秆粉碎回收）等全过程作业。该类产品国内目前有三行和四行，其特点是工作效率高，作业效果好，使用和保养方便，但其用途专一。国内现有机型摘穗机构多为摘穗板——拉茎辊——拨禾链组合结构，秸秆粉碎装置有青贮型和粉碎两种。底盘多是在已定型的小麦联合收割机底盘基础上改进的，多采用两端动力输出。操纵部分采用液压控制。

图 4－6　自走式玉米联合收割机（4YZ－4 型）

（三）牵引式玉米联合收割机

牵引式玉米联合收割机是我国引进吸收国外技术，自行设计生产的最早的一类机型，结构简单，使用可靠，价格较低。由拖拉机牵拉作业，所以，在作业时由拖拉机牵引收获机，再牵引果穗收集车，配置较长，转弯、行走不便，主要应用在大型农场。

（四）玉米专用割台

玉米专用割台又称玉米摘穗台，用玉米割台替换谷物联合收割机上的谷物收割台，从而将谷物联合收割机转变为玉米联合收割机。装上玉米专用割台的联合收割机，可一次完成玉米的摘穗、输送、果穗装箱等作业。这种机型投资小，扩展了现有麦稻联合收割机的功能，同时价格低廉，在1万~2万元/台，目前，国内开发该类型的产品主要与新疆-2、佳木斯-3060、北京-2.5等型小麦联合收割机配套。

二、基本构造

玉米联合收割机（图4-7）由摘穗台（割台）、输送装置、剥皮装置、籽粒回收装置、秸秆粉碎装置（还田、回收）、集穗箱、传动系统、发动机、底盘、电气系统、液压系统、驾驶室及操纵装置等组成。

（一）摘穗台（收割台）

由割台体、分禾器、切割器（茎穗兼收型）拨禾链、摘穗装置、清草刀、果穗螺旋推运器等组成。摘穗装置是摘穗机构完成摘穗作业的核心，其功用是使果穗和秸秆分离。现有机器上所用的摘穗装置皆为辊式，分为纵卧式摘辊、立式摘辊、横卧式摘辊和纵向摘穗板4种。

收割台的工作过程是：玉米联合收割机是在行进中完成收割作业的。分禾器将禾秆从根部扶正，切割器切断秸秆后（茎穗兼收型），由拨禾链将禾秆扶持并引入摘穗辊，经摘穗辊摘穗后，

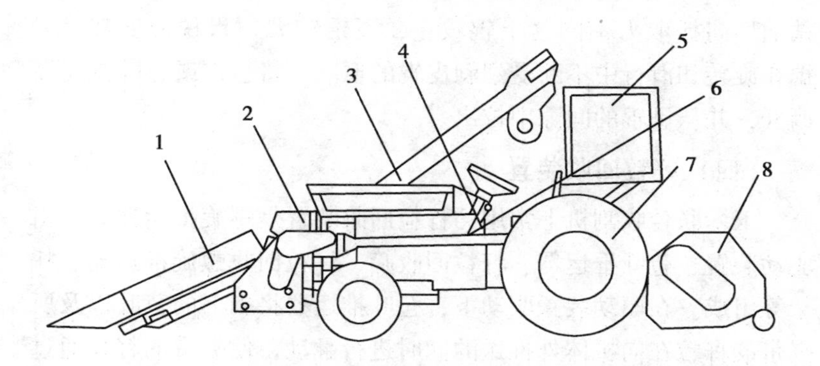

图 4－7　4YY－2 型背负式玉米联合收割机结构示意图

1. 割台；2. 搅龙；3. 升运器；4. 液压系统；5. 果穗箱；6. 传动系统；7. 拖拉机；8. 秸秆还田机

进入果穗螺旋推运器，再经果穗螺旋推运器送入输送装置。

（二）输送装置

输送装置主要由输送器壳体、升运器链条组合、清杂装置等组成。玉米收割机一般装有两个果穗升运器，果穗第一升运器用来输送由摘穗辊摘落的果穗，果穗第二升运器用来输送由剥皮（苞叶）机送出的果穗和由籽粒回收螺旋推运器送出的籽粒。玉米联合收割机普遍采用螺旋推运器和刮板升运器，一般刮板升运器应用广泛，它具有传动可靠，输送能力强，可以大角度输送物料等特点。

（三）剥皮装置

剥皮装置作为玉米联合收割机的主要工作部件，其工作性能（剥皮生产率、剥净率、籽粒脱落率、破碎率）对整机的工作性能影响很大，剥皮装置多为辊式。它由若干对相对向里侧回转的剥皮辊和压送器等组成，剥皮装置工作时，压送器缓慢地回转（或移动），使果穗沿剥皮辊表面徐徐下滑。由于每对剥辊对果穗的切向抓取力不同（上辊较小，下辊较大）果穗便回转。果穗在旋转和滑行中不断受到剥皮辊的抓取，将苞皮或苞叶推运器撕开，并从剥辊的间隙中拉出。

（四）籽粒回收装置

玉米联合收割机上常用的籽粒回收装置是螺旋推运器式，由驱动装置、苞叶推运器、籽粒回收筛、籽粒回收螺旋推运器、托架等组成。在驱动装置驱动下，苞叶推运器将剥下的苞叶以及所夹带的籽粒在向机体外推送的同时进行翻动，使夹带的籽粒通过籽粒回收筛分离出来，落入下方的籽粒回收螺旋推运器中，再送到第二升运器。

（五）秸秆粉碎还田装置

用于秸秆、苞叶、杂草、根茬等的粉碎还田。茎秆粉碎装置一般由机架部分、变速箱、压轮部分、悬挂部分、切碎部分、罩壳等组成。目前茎秆粉碎装置按动刀的形式区分有：甩刀式、锤爪式和动定刀组合式等 3 种机型。茎秆粉碎装置在玉米联合收割机上一般有三种安装位置：一是位于收割机后轮后部；二是位于摘穗辊和前轮之间；三是位于前后两轮之间，用液压方式提升。茎秆粉碎装置通过支撑辊在地面行走。工作时，由导向装置将两侧的秸秆向中间集中，切碎刀对秸秆多次数层切割后，通过大罩壳后端排出，均匀的将碎秸秆平铺在田间。一般切碎长度在 85 ~ 100mm。

（六）抛送器、粮箱总成

抛送器是将剥皮机剥好的玉米果穗抛送到果穗箱里，解决粮箱的充满问题。

（七）传动系统

传动系统的作用是把发动机动力，通过链传动、皮带传动、万向节传动轴等方式传递给割台、输送装置、剥皮装置、籽粒回收装置、秸秆粉碎装置（还田、回收）等。

（八）发动机

发动机是为玉米联合收割机提供行走和工作部件的动力源，安装在驾驶后输送器下，横向配置，便于传递动力。

（九）底盘

底盘用来支撑玉米联合收割机，并将发动机的动力转变为行驶力，保证玉米联合收割机行驶，主要由车架、行走离合器、行走无级变速器、齿轮变速箱、前桥、后桥、制动装置等组成。

（十）电气系统

电气电路是用来保证玉米联合收割机驾驶室内监控、发动机启动、照明等各辅助用电设备的用电。驾驶员要随时观察仪表上显示的电流、水温、油压范围，防止用电设备和线路短路，保证玉米收获机在作业及行驶过程中的启动、照明和仪表指示。随时观察蓄电池充电情况，发现问题应及时解决。

（十一）液压系统

玉米联合收割机的液压系统是由工作部件液压系统和转向机构液压系统两个各自独立的系统组成。转向液压系统用来控制转向轮的转向；作业液压系统用来控制摘穗台升降、行走无级变速、秸秆粉碎还田机的升降和果穗箱的翻转卸粮。

主要液压元件有：齿轮泵、液压油箱、多路手动换向阀、全液压转向器、割台液压缸、行走无级变速液压缸、秸秆粉碎还田机升降液压缸、果穗箱液压缸、转向液压缸、发动机工作部件离合器液压缸和单柱塞离合泵及双柱塞制动泵等。

（十二）驾驶室

驾驶室位于割台后上方、前桥的前上方，驾驶员作业时可以方便环顾周围环境。为了衰减地面不平引起的振动，驾驶员能舒适驾驶，一般选用定型的金属弹簧驾驶座。驾驶室内集中有玉米联合收割机的操纵机构：转向机总成、离合器踏板、制动器踏板、脚油门、手油门、手刹车操纵杆、各种液压油缸操纵杆及监控等。

三、工作过程

玉米籽粒收获机工作时，拨禾轮首先把玉米向后拨送，引向切割器，切割器将玉米割下后，由拨禾轮推向割台搅龙，搅龙将割下的玉米推集到割台中部的喂入口，由喂入口伸缩齿将玉米切碎，并拨向倾斜输送槽，玉米秸秆和玉米穗在高速旋转的脱粒滚筒表面被滚筒上的柱齿反复击打、切割，迅速分解成籽粒、粒糠、碎茎秆和长茎秸。籽粒、粒糠、碎茎秆从分离板的孔隙中落入清选设备的抖动筛上。长茎秸从排草口排出。完成籽粒与秸秆分离。长茎秸从排草口抛出去，分离出来的籽粒、颖糠、碎茎秸、杂余，输送到清选设备，在清选设备的上筛和下筛的交替作用下，玉米籽粒从筛孔落到提升器内，其余杂物被清选排出机外，玉米籽粒通过提升器送入粮仓，完成脱粒。

四、玉米联合收割机的使用与调整

（一）作业前的准备

（1）按照拖拉机使用说明书的规定对拖拉机进行班次保养，并加足燃油、冷却水和润滑油。

（2）按照收获机使用说明书的规定对机具进行班次保养，加足润滑油，检查各紧固件、传动件等是否松动、脱落，有无损坏，各部位间隙、距离、松紧是否符合要求等。

（3）根据用户要求和作业负荷情况，调整割台高度。一般情况下，割台高度不应低于12cm。

（4）割茬高度，以不影响耕地作业、不影响下茬种植为标准。

（二）正确操作

（1）悬挂式玉米联合收割机在长距离行走或运输过程中，应将割台和切碎器挂接在后悬挂架上，中速行驶，除1名驾驶员外，其他部位不允许乘坐人员。

（2）在进入作业区域收割前，驾驶员应了解作业地块的基本情况，如地形、作物品种、行距、成熟程度、倒伏情况，地块内有无木桩、石块、田埂未经平整的沟坎，是否有可能陷车的地方等。应尽量选择直立或倒伏较轻的田块收获。收获前倒伏严重的玉米穗和地块两头的玉米穗摘下运出，然后进行机械收获作业。

（3）先用低1挡试收割，在地中间开出一条车道，并割出地头，便于卸粮车和人员通过及机组转弯。

（4）驾驶员应灵活操作液压手柄，使割台适应地形和农艺要求，并避免扶禾器、摘穗辊碰撞硬物，造成损坏。

（5）收获时最大行驶速度应在每小时10～18km，速度不可过快，防止收获机超负荷运转，损坏动力输出轴。

（6）玉米籽粒收获机在田间作业时，柴油机油门必须保持在额定位置。

（7）当通过田埂或地头时，应该升起割台，并且避免急转弯。

（8）注意，玉米籽粒收获机作业时，要求横向坡度不应大于8°，纵向坡度不应大于25°。

（9）卸粮时，将卸粮搅龙筒放下，下压卸粮离合器操纵杆，进行卸粮。卸粮后上提操纵杆。卸粮完毕时，应将卸粮搅龙筒收回运输位置固定。行进卸粮时，应注意，两机间距必须大于40cm。

（10）停车时，必须将割台放落地面，将所有操纵装置放至空挡位置或中间位置，应将手刹固定。

（三）安全使用规范

（1）机组驾驶人员必须具有农机管理部门核发的驾驶证，经过玉米收获机操作的学习和培训，并具有田间作业的经验。

（2）与联合收割机配套的拖拉机必须经农机安全监理部门年审合格，技术状况良好。使用过的玉米收获机必须经过全面的检修保养。

（3）工作时机组操作人员只限驾驶员 1 人，严禁超负荷作业，禁止任何人员站在割台附近。

（4）拖拉机启动前必须将变速手柄及动力输出手柄置于空挡位置。

（5）机组起步、接合动力、转弯、倒车时，要先鸣笛，观察机组附近状况，并提醒多余人员离开。

（6）工作期间驾驶员不得饮酒，不允许在过度疲劳、睡眠不足等情况下操作机组。

（7）作业中应注意避开石头块、树桩、沟渠等障碍，以免造成机组故障。

（8）工作中驾驶人员应随时观察、倾听机组各部位的运行情况，如发现异常，立即停车排除故障。

（9）保持各部位防护罩完好、有效，严禁拆卸护罩。

（10）严禁机组在工作和未完全停止运转前清除杂草、检查、保养、排除故障等。必须在发动机熄火机组停止运行后进行检修。检修摘穗辊、拨禾链、切碎器、开式齿轮、链轮和链条等传动和运动部位的故障时，严禁转动传动机构。

（11）机组在转向、地块转移或长距离空行及运输状态，必须将收获机切断动力。

（四）玉米联合收割机的调整

在收获前应根据具体地块的实际情况对玉米籽粒收获机进行适当的调整。

1. 割台切割器的调整

割台切割器对收割质量有很大的影响。动刀片和护刃器之间的间隙，应为0.1～0.5mm。如果不对，可用榔头轻轻敲打进行调整。调整后的动刀片应滑动自如。

2. 搅龙叶片与割台底板间隙的调整

根据玉米的长势，调整搅龙叶片与割台底板之间的间隙。一般有以下3种情况：一般长势间隙应为15～20mm，稀矮长势间隙应为10～15mm，高大稠密长势间隙应为20～30mm。调整时，先将割台两侧壁上的搅龙固定螺母松开，再将割台侧壁上的搅龙伸缩调节螺母松开，转动调节螺母，使搅龙升起或降落。按需要调整搅龙叶片和底板之间间隙。调整后拧紧搅龙固定螺母即可。

3. 伸缩齿与割台底板间隙的调整

伸缩齿与割台底板的间隙应为10～15mm。对长势稀矮的玉米，可调整为不低于6mm。对长势高粗稠密的玉米，应使伸缩齿前方伸出量加大，有利于抓取作物，避免缠挂。调节伸缩齿与割台底板间隙时，应先松开调整螺母，移动伸缩齿调节手柄，即可改变伸缩齿与底板间隙。将手柄往上移动间隙变小；将手柄往下移动间隙变大。调整完后，必须将调整螺母牢固拧紧，防止脱落打坏机体。

4. 倾斜输送槽的链耙与底板的调整

将作物送入滚筒室内，正常的链耙与底板之间的间隙为2cm。链耙在割台内部，其间隙不易观察测量。测量时，先打开输送槽观察口，将链耙中部上提起，高度在5cm左右为宜，如不到标准应及时调整。调整时，应先松开输送槽螺母，然后再拧转输送槽螺母，以达到张紧要求，调整后的链耙紧度必须适当，不允许张的过紧。调整链耙后必须拧紧调整螺母。最后应盖上输送槽观察口，拧紧螺母。

（五）玉米联合收割机的磨合

新购置的玉米籽粒收获机在收获前，必须进行磨合。磨合可以使零件获得合适的配合间隙，及时发现装配故障。

1. 空转磨合

磨合首先是整机原地空转磨合。磨合时，启动柴油机，空转运行10min。留心观察整个机器部件是否有异常响声，异常振动，传动部件过热等情况。开启割台，检查割台各个部件转动是否正常。缓慢升降割台，仔细检查升降系统工作是否准确、可靠，整机空转磨合后，进行行走磨合。行走磨合前，仔细检查、清理玉米籽粒收获机的内部。

用手转动中间轴右侧的带轮，看有无卡滞现象。正常情况下，应该运转自如。行走磨合时，从低挡到高挡，从前进挡到后退挡逐步进行磨合。行驶20～30min后停车检查。应检查的项目有：左、右边链传动有无过热及其他异常情况，各个传动链条是否符合张紧规定，轮胎气压是否充足，所有紧固件是否松动。

2. 负荷磨合

行走磨合后进行带负荷磨合，也就是试割。试割应在收获作业的第一天进行，选择在地势较平坦、草少、成熟度一致、无倒伏、具有代表性的地块进行。开始以小喂入量低速行驶。逐渐加大负荷，直到额定喂入量。应该强调无论喂入量多少，柴油机均应在额定转速下全速工作。在试割过程中应及时、合理调整各工作部件，使之达到良好的作业状态。

（六）玉米联合收割机的收获方法

玉米籽粒收获机常用的收获方法有梭型法、向心法和套收法。

（1）梭型法。机组沿田地一侧开始收获，收完一个行程后，在地头转弯进入下一行程，一行紧接一行，往返行进。这种收获方法优点是不受地块宽度限制，地块区划简单，行走方法容易掌握。其缺点是地头转弯频繁，地头需流出要较宽的距离。

（2）向心法。机组从地块一侧进入，由外向内绕行，一直收到地块中间。其优点是行走路线简单，地头宽度小，其缺点是需要根据收获机组的工作幅宽精确计算，否则容易造成漏收。

（3）套收法。将地块分成偶数等宽的若干区域。机组从地块一侧进入，收到地头后，到另一区的一侧返回，依次收完整个地块。这种收获方法适合于区域长度较短的地块或垄地播种。

五、技术维护及保养

要想使玉米籽粒收获机为我们服务得更长久，除了正确使用外，必须切实做好维护保养工作。维护保养分为每班保养和年度保养。

（一）每班保养

在每班工作结束后，或连续工作 10h 以后，应进行一次保养。每班保养的内容有：

（1）彻底检查和清理玉米籽粒收获机各部位缠草，以及碎茎等堵塞物，尤其应先清理拨禾轮、切割器、喂入搅龙缠堵物。脱粒滚筒内及上下筛间的堵塞物。

在清理筛片时可用钩子勾刮或将筛子抽出清理，注意不要碰伤筛片。

（2）检查各个传动链条的张紧程度。

（3）检查各紧固件状况，拧紧各个连接螺栓和螺母。

(4) 检查传动带的张紧度，过松过紧都会缩短其使用寿命。

(5) 检查轮胎，除了检查轮胎气压，还应检查轮胎有无夹杂物，如铁钉、玻璃、石块等。

(6) 保养柴油机空气滤清器，当盆式粗滤器在工作中积尘满时应随时清除。由于玉米籽粒收获机经常在高灰尘浓度环境下工作，柴油机空气滤清器的保养周期应不大于4h。必要时班内增加清理次数。

(7) 润滑各个传动链条，减少机械磨损，提高工作效率和部件的使用寿命。

(二) 年度保养

玉米籽粒收获机每年收获作业完成后，必须进行专门的维护保养，以保持玉米籽粒收获机的技术状态和工作能力，延长使用寿命。年度保养的内容有：

(1) 玉米籽粒收获机保存前认真清扫机器。清理时，打开机器上的所有检视孔盖，清除输送槽内、脱粒室内和割台残存杂物。认真清理割台清扫完后用清水清洗机器外部。

(2) 按照说明书提供的润滑图进行全面润滑。然后用中油门将玉米籽粒收获机空转几分钟。松开传动带的张紧轮，取下传动带，以减少传动带的磨损，延长使用寿命。松开张紧轮，卸下链条，清理干净，放入机油中浸泡，以提高使用寿命，然后保存。

(3) 检查割台的切割器。如果切割器的动刀片过度磨损或损坏，应及时更换和维修。

(4) 最后，为了防止风吹日晒和雨雪袭击，玉米籽粒收获机应存放在干燥通风的库内或棚内。

六、常见故障及排除

玉米联合收割机在使用过程中出现故障时，应及时停车排除，千万不能“带病”工作，以免加剧零部件磨损和导致事故性损坏。这里应注意，排除故障、检修调整、润滑保养都必须在切断动力或柴油机熄火后进行。常见故障如下。

（一）割台堆积作物

在收获过程中，割台堆积作物是一种比较常见的故障，发生此类故障时应立即停车，排除堆积堵塞物。造成割台堆积作物的原因主要有三种：①收获机的前进速度偏高。农机手应适当降低收获机的前进速度。②割台离地高度偏低，造成玉米割茬低。解决方法是适当提高割台高度，通常应在12cm以上为好。③切割器上拥堵，造成切割器工作不良。我们应及时清理切割器。

（二）滚筒堵塞

滚筒堵塞也是收获过程中较常见的故障之一。如果出现发动机声音沉重、排气管冒黑烟等现象，我们就可以判定滚筒堵塞了。滚筒堵塞后，应立即停车检查。先将柴油机熄火。打开各检视孔盖，用铁钩清理。必要时，也可通过人工转动滚筒配合排除。严禁盲目接合主离合器猛冲，以免烧坏传动胶带。有可能造成滚筒堵塞的原因主要有两种：

（1）喂入量过大。我们可以降低收获机前进速度或提高割台高度来解决。

（2）采收过早，作物较潮湿。我们应适当延期收割。

（三）脱粒不净

如果出现脱粒不净，应及时调整。脱粒不净的主要原因是喂入滚筒转速偏低。我们应适当提高喂入滚筒的转速。提高喂入滚筒的转速，是通过降低喂入滚筒链轮的齿数来提高的。籽粒收获机出厂时标准配置为22齿链轮，如脱粒不净应换用18齿链轮以提高转速。

脱粒滚筒活动凹版间隙偏大，我们应适当减小脱粒滚筒活动凹版出口间隙。脱粒滚筒活动凹板出口间隙分5挡，即5，10，15，20，25mm，分别由栅格凹板调节机构手柄固定板上的4个螺孔定位。间隙的观察通过观察孔来确定。调整时松开调节手柄固定螺栓，然后将该手柄长孔对准所需间隙对应螺孔，并固紧螺栓，往右是调节小间隙，往左是调大间隙。调整后脱粒滚筒应转动自如，并且必须紧固螺栓，以防事故。

（四）籽粒中的含杂率偏高

籽粒中的含杂率偏高是一种常见问题。出现这种问题的主要原因和调整方法主要是以下几点：

（1）收获机筛片开度偏大。解决方法是适当降低收获机筛片的开度。我们可以通过筛片调节手柄来调节。通常情况下，筛片开度不应小于2/3。

（2）收获机风扇风量偏低，没有完全将杂草吹出。解决方法是通过开大安装在2个进气口蜗壳侧壁上的调风板的开度，来改变进气口的开度，使进风量增加。

（3）收获机喂入量偏小。我们可以通过适当提高收获机前进速度来解决。

第五节　其他联合收割机械

一、油菜联合收割机

油菜是我国传统经济作物，在我国南、北方均有大量种植。长期以来，我国油菜收割主要靠手工作业，劳动强度大而且费工费时，同时收割后还要经常对油菜进行多次搬运，造成大量的落粒损失，导致油菜减产，这也是造成我国目前油菜种植面积逐年减少的原因之一。而机械化收割油菜具有用工少、生产效率高的特点，并且在收割后还可以将籽粒进行初步清选，同时将油菜秸秆彻底粉碎，作为有机肥料还田，提高土壤肥力。目前，使用联合收割机收割油菜已成为促进油菜增产增收的重要方式。油菜联合收割机一次完成油菜的收割、脱粒、茎秆分离、油菜籽清选等作业。

（一）油菜联合收割机基本构造

油菜联合收割机一般由割台、输送槽、脱粒装置、清选装置及行走系统等部分组成。油菜联合收割机各部分的结构特点与水稻、小麦等收割机均有区别。

1. 割台

割台位于油菜联合收割机的前端，由分禾器、拨禾轮、切割器、伸缩架、拨禾轮提升架、割台机架和螺旋输送器等部件组成。与水稻、小麦联合收割机割台不同的是，油菜联合收割机的割台为加长式结构，比水稻、小麦联合收割机的割台长 30cm 左右。加长式割台能够充分收集拨禾轮与油菜分枝碰撞掉下的籽粒，大大减少油菜收割时落粒损失。割台上还安装有向后倾斜的侧立刀，不但可以方便对枝叶庞杂的油菜进行分禾，同时还能够减少收割时油菜籽粒在割台内飞溅反弹所造成的损失。

2. 脱粒系统

脱粒系统在机器的后端，由脱粒装置、清选装置、集粮箱、搅龙出粮装置等几部分组成。由于油菜籽粒比其他作物小，油菜联合收割机的脱粒装置采用单风机双层振动筛结构，油菜茎秆经脱粒后被彻底粉碎，由机器后端的排出口均匀排出。秸秆经粉碎后，长度一般小于 10cm 可以直接还田，作为绿肥利用。

3. 行走系统

行走系统由机架、发动机、行走履带等部分组成。油菜联合收割机的发动机使用的是水冷柴油发动机，具有动力大、功率高的特点，行走部件采用履带式结构，能够增强油菜联合收割机的稳定性、与地面的附着力，适合多种条件下油菜田的收割。

（二）油菜联合收割机的使用

1. 对油菜田的要求

（1）在使用油菜联合收割机收割时，必须要选择适合机械化操作的油菜田块，一般选择地面平整，面积666.7m^2（1亩）以上，坡度较小，周围没有树和墙阻挡的油菜田进行收割，以免影响联合收割机的正常作业。

（2）准备用油菜联合收割机收割油菜的田块，最好能够在油菜荚果的充实期，对整个油菜田按照使用说明喷施一次乙烯利等催熟药物，使油菜成熟一致，这样可以减少油菜收获时油菜成熟不一致而造成的浪费。

（3）机器下田收割对油菜的碰撞性损伤较大，为防止受机械损伤造成过多的落地籽粒，掌握油菜收割适宜的时间，过早收获，油菜成熟过度，作业中拨禾轮的割台推运器的转动会将油菜荚碰落，造成浪费。在油菜上部果荚能用手指捏开、下部果荚气温高时一碰即落的情况下收获为最好。油菜的最佳收获时刻是早、晚或阴天。在成熟后期，应尽量避开中午气温高时进行收割。

2. 对联合收割机的要求

（1）要求收割机的技术性能好，各联接、输送部位要求封闭严密，工作中不允许有漏粒发生。

（2）收获时机车的行驶速度不能过快，只能选择中、低挡速度工作。

（3）拨禾轮的转速要调到最低，以减少对油菜的撞击次数；前后位置要调到最后，并根据油菜的长势和倒伏情况合理调整其高低位置。如安装有弹齿板应去掉，以减少对油菜的撞击。

（4）根据油菜的成熟情况和脱粒效果合理调整滚筒转速和

凹版间隙，成熟较好或高温天气可降低转速和调大间隙，在保证脱净率的前提下减少菜籽的破碎率。

（5）根据机车工作时的清选和损失情况合理调整风量，茎秆潮湿时风量应调大，干燥时应适当调小。其风向应调至清选筛的中前方。

（6）清选上筛、尾筛的开度应适当调大，使部分未脱净的青荚进入杂余升运器进行再次脱粒。下筛的开度应调小或换用细孔筛。

（7）机车的各项调整应以收获时的损失情况为依据。

3. 油菜联合收割机的作业流程与技术要求

油菜机械联合收获作业流程是：机组准备→田块准备→试割→正常作业→机组保养→机车入库。技术要求是：油菜籽的成熟度达到85%～90%进行机械收获；收获时应收割干净、不漏割，割茬高度符合当地农艺要求，收割茎秆应打碎后均匀撒在田中。

4. 主要性能指标的确定

考虑我国油菜籽收获机械产品制造现状和油菜品种、农艺条件，认为目前油菜联合收割机主要性能指标确定为：总损失率≤8%、含杂率≤6%、破碎率≤0.5%。

5. 收割前的机器检查

油菜联合收割机是大型机械，为防止作业过程中发生安全事故，使用前要确保机器的各操作系统正常运行。

（1）离合器、制动踏板的自由行程是否适当。

（2）各仪表盘的指示是否正常。

（3）喇叭是否鸣响。

（4）重要部位的螺栓、螺母有无松动。

（5）割刀、脱粒齿等重要部件是否有严重的磨损或破损。

（6）凹板、筛网的间隙是否适当。

（7）分禾器、拨禾轮、割台机架等部件有无变形。

（8）各传动链、传动皮带是否松动或损伤、活动是否灵活可靠。

6. 收割操作

（1）油菜联合收割机收割油菜一般选择在上午 9 点至下午 6 点，茎秆上没有露水时进行，如果茎秆上有露水，不但会影响油菜荚果的脱粒，而且还会因茎秆潮湿造成机器堵塞。

（2）在确认机器 3 米内没有其他人员的情况下，先鸣笛警示后，再启动机器前进。

（3）到达待收割的油菜田后，先在收割机的出粮口挂好接粮袋。

（4）根据油菜的生长密度，通过调整割台的高度，选择好合适的喂入量，就可以沿着油菜播种的方向缓慢前进收割了。

（5）收割作业进行中，为保障作业安全，接粮人员要坐在接粮踏板的凳子上，双手紧握集粮箱上的扶手，接粮袋装满后要及时将袋口扎紧换下。

（6）割倒伏油菜时，要将割台降到合适的高度，同时将拨禾轮适当的前移，再沿着与油菜倒伏相反的方向进行收割。

（7）收割机在后退、掉头时，要将收割机的割台抬起，同时要注意观察周围有无其他人员，以免发生安全事故。

（8）油菜联合收割机一般工作 8～10h 后，要停机休息 2h，否则会因为温度太高而导致油封老化，影响收割机的使用寿命。

（9）在机器运行时，不能打开机身任何部位的防护罩。

（10）收割结束后，要先将机器停稳，再将油菜籽从出粮搅龙中全部推出，然后切断离合器，挂上空挡，关闭油门，最后将钥匙拔出，完成作业。

（三）油菜联合收割机的维护

为保证油菜联合收割机的正常使用，机手还要做好日常的清洗维护工作。

1. 班次保养维护

每次作业完毕后，要注意清除割台、脱粒装置的凹板筛、振动筛以及输送槽等部位上的碎草及油菜茎秆碎屑，要及时清除发动机的空气滤清器。机器工作 1 周左右还要对传输皮带的张紧程度进行检查调整，检查螺栓螺母是否松动。

2. 季后保养维护

一个季节的收割工作结束后，还要对整机进行一次全面的维修保养，这样不但可以延长联合收割机的使用寿命，而且能保证下一季的正常使用，季后维护包括将杂物、泥沙、残留在搅龙内的籽粒彻底清除干净，在收割机的各个传动轴承上加注新的润滑油，全面检查各部位易磨损零件，必要时加以修复更换。卸下收割机上所有皮带，将机器停放在干燥通风处。

二、马铃薯联合收割机

马铃薯联合收割机能一次完成挖掘、分离土块和茎叶及装箱或装车作业的马铃薯联合收割机。按其分离工作部件结构的不同，主要分为升运链式、摆动筛式和转筒式三种，其中升运链式马铃薯联合收割机使用较多。

（一）基本结构

其主要工作部件有挖掘部件、分离输送机构和清选机构、输送装车部件等。

（1）挖掘部件主要由挖掘铲、镇压限深轮和圆盘刀等部件组成。圆盘刀主要用来切开挖掘幅宽两边的地表及杂草，这有利于挖掘部件挖掘，减少挖掘阻力；镇压限深轮主要用来对收获前的地表滚压，粉碎地表土块，配合挖掘铲保证挖掘深度一致，提高挖掘质量，降低损伤率；挖掘铲由主铲和副铲组成，挖掘深度可根据不同土壤条件进行调整，提高机具的适应性。

（2）输送分离部件主要将薯块与土块、茎叶分离。

（3）清选机构主要由排茎辊配合拦草杆和输送链完成除茎功能。将茎叶和杂草由夹持输送器排出机器。在清选输送器上，薯块中夹杂的杂物和石块被进一步清除。

（4）输送装车部件主要由三节折叠机构、输送链和液压控制系统组成，完成输送装车任务。

（二）工作过程

各种马铃薯联合收割机的工作过程大致相同，机器工作时，靠仿形轮控制挖掘铲的入土深度，被挖掘铲挖掘起的块根和土壤送至输送分离部件进行分离，在强制抖动机构作用下，来强化破碎土块及分离性能。当土块和薯块在土块压碎辊上通过时，土块被压碎，薯块上黏附的泥土被清除。此外，它还对薯块和茎叶的分离有一定的作用。薯块和泥土经摆动筛进一步被分离，送到后部输送器。马铃薯茎叶和杂草由夹持带式输送器排出机器。薯块则从杆条缝隙落入马铃薯分选台，在这里薯块中夹杂的杂物和石块被进一步清除。然后薯块被送至马铃薯升运器装入薯箱，完成输送装车任务。

（三）使用及调整方法

（1）下地前，调节好限深轮的高度，使挖掘铲的挖掘深度在20cm左右。在挖掘时，限深轮应走在要收的马铃薯秧的外侧，确保挖掘铲能把马铃薯挖起，不能有挖偏现象，否则会有较多的马铃薯损失。

（2）起步时将马铃薯收获机提升至挖掘刀尖离地面5～8cm结合动力，空转1～2min，无异常响声的情况下，挂上工作挡位，逐步放松离合器踏板，同时操作调节手柄逐步入土，随之加大油门直到正常耕作。

（3）检查马铃薯收获机工作后的地块马铃薯收净率，查看有无破碎以及严重破皮现象，如马铃薯破皮严重，应降低收获行进速度，调深挖掘深度。

（4）作业时，机器上禁止站人或坐人，否则可能缠入机器，造成严重的人身伤亡事故。机具运转时，禁止接近旋转部件，否则可能导致身体缠绕，造成人身伤害事故。检修机器时，必须切断动力，以防造成人身伤害。

（5）在行走时，行走速度可在慢 2 挡，后输出速度在慢速，在坚实度较大的土地上作业时应选用最低的耕作速度。作业时，要随时检查作业质量，根据作物生长情况和作业质量随时调整行走速度与升运链的提升速度，以确保最佳的收获质量和作业效率。

（6）在作业中，如突然听到异常响声应立即停机检查，通常是收获机遇到大的石块、树墩、电线杆茬等障碍物的时候，这种情况会对收获机造成大的损坏，作业前应先问明情况再工作。

（7）停机时，踏下拖拉机离合器踏板，操作动力输出手柄，切断动力输出即可。

（四）维护和保养

（1）检查拧紧各连接螺栓、螺母，检查放油螺塞是否松动。

（2）彻底清除马铃薯收获机上的油泥、土及灰尘。

（3）放出齿轮油进行拆卸检查，特别注意检查各轴承的磨损情况，安装前零件需清洁，安装后加注新齿轮油

（4）拆洗轴、轴承，更换油封，安装时注足黄油。

（5）拆下传动链条检查，磨损严重和有裂痕者必须更换。

（6）检查传动链条是否裂开，六角孔是否损坏，有裂开应

修复。

(7) 马铃薯收获机不工作长期停放，停放时垫高马铃薯收获机使旋耕刀离地，旋耕刀上应涂机油防锈，外露齿轮也需涂油防锈。非工作表面剥落的油漆应按原色补齐以防锈蚀。马铃薯收获机应停放室内或加盖于室外。

(五) 常用故障及排除方法

马铃薯收获机常用故障及排除方法如表 4-1 所示。

表 4-1 常用故障及排除方法

故障现象	原因	排除方法
收获机前兜土 马铃薯伤皮严重	机器挖掘铲过深 挖掘深度不够工作速度过快拖拉机动力输出转速过大 薯土分离输送装置震动过大	调节中拉杆 调节拉杆，使挖掘深度增加 低速 转速必须是 540 转/min 拆除振动装置的传动链条
空转时响声很大	有磕碰的地方	详细检查各运动部位后处理
齿轮箱有杂音	有异物落入箱内圆锥齿轮侧隙过大轴承损坏齿轮牙断裂	取出异物调整齿轮侧隙更换轴承更换齿轮
薯土分离传送带不运转	过载保护器弹簧变松传送带有杂物卡阻	调整

三、花生联合收割机

花生联合收割机可一次完成花生挖掘、抖土、摘果、分离、清选、集果等多道作业工序，生产效率高，作业损失少，转移速度快，使用安全可靠。

(一) 基本结构

花生联合收割机（图 4-8）主要由收获系统、摘果系统、清选系统等部分组成。

图4－8　花生联合收割机（4BHL－2型）

1. 收获系统

主要包括扶禾器、夹持输送链条、犁刀、限深轮、它主要实现花生秸秧及果实从地里起出，并将起出的花生秸秧连同果实一起输送到摘果系统和清选系统。

（1）扶禾与拨禾装置。该装置由扶禾器和拨禾链组成，扶禾器采用一对反向旋转的尖锥，起扶禾和分禾作用，把即将收获的大田花生秸秧从大田中分离出来，并扶正倒伏的秸秧。拨禾链采用带齿链条，将收拢的花生拨向夹持输送端。同时扶禾器的尖部能够将地膜划破，以利于收获。

（2）夹持输送链条。夹持输送装置的作用是保证在花生主根被挖掘铲铲断的同时将花生拔起，并迅速将其输送到摘果清选系统。

（3）犁刀是将花生的根茎切断连同果实一起根除，犁刀的入土深度直接影响收货质量和工作效率。

（4）限深轮的主要作用是调节犁刀的深浅。

2. 摘果系统

摘果系统主要包括抖土器、摘果箱、振动筛、清选风扇、提升器、果仓等几个部分，它可以使花生果实与秸秧分离，果实与土壤杂质分离。

（1）抖土器。位于机器前部，刚挖掘出的花生在链条输送的过程中，通过抖土器的轻轻敲击，土壤从果实上掉落，完成了果实的第一次清选。

（2）摘果箱。它由一对反向转动的倾斜式摘辊组成，每个摘辊上设有 4 个摘果板。

（3）振动筛。摘下的花生荚果经凹板筛和逐稿器落入到振动筛上，在振动筛的振动和风机的共同作用下进行清选，完成第二次清选。

3. 清选系统

清选系统将花生果实与杂志彻底清选、分离。

（1）清选风扇的作用是将振动筛上的花生果实中的草叶杂质吹出，完成果实的第三次清选。

（2）提升器将花生果从振动筛传送到果仓中，安装于机器的尾部。

（3）果仓是存储果实的容器，自动储存卸果。果仓装满后有驾驶员操纵液压手柄一次将果实卸到地面的接收苫布上。另外，行走系统主要包括变速箱、操纵手柄等。变速箱将发动机的动力传到驱动轮上，驱动机器运行。操纵手柄操纵机器顺利运行。液压系统包括收获器升降操纵手柄、果仓卸载操纵手柄等部件。

（二）工作过程

机器可以一次完成花生的挖掘、除土、摘果、清选、集果等项作业，通过机器的行走带动，反向旋转的扶禾器，将倒伏的花生秸秧扶起、拢直，收获器的两个犁刀深入地下，将花生挖掘出来，由夹持输送链条将花生秸秧夹住往后输送，输送过程中通过收获器下部的一组抖土机构，去除夹带的大块泥土和石块等杂物，进行了第一次清选。然后送入到摘果箱，通过反向运转的摘辊敲击、梳理和挤压，花生果实摘落下来，完成了整个摘果过程。摘下的花生果实降落到振动筛上，通过风扇将杂质吹出，完成了花生果的第二次清选。清选后的花生果实由提升机构运送到果仓，花生秸秧则通过机器后部落入到收获完毕的土地上。

（三）花生联合收割机的正确使用

收获时，先调整机组方向，使夹秧器前端的拢秧装置对准待收的花生行，上下调整犁的深度，使之适合待收花生。然后，踩下机器“离合”踏板，使传动齿轮箱的离合手柄置于“合”的状态，使机器由慢到快运转起来。确认机器运转正常时，降落夹秧器前端到正常工作状态，然后挂上慢 1 挡开始正常收获作业。机器收获到地头，停止前进，升起夹秧器，使机器继续运转一段时间后，停机卸果或调头继续进行收获作业。

在操作使用中要注意以下几点：①花生输送器距离地面较近，因此机器进地工作时，应视地势而定。土壤水分含量太高时，机器不应工作；②为了提高花生收获机的作业效率，所以需要及时清理链条、链轮、振动筛、前轮上的杂物；③机器工作时，调整犁的深度，不要使夹秧器的前头离地面太近，以免造成堵塞，非操作人员不要靠近旋转的链条、链轮处；④停机时，应先踩下拖拉机的“离合”，然后，使传动齿轮箱的离合手柄置于分离状态。

（四）花生联合收割机常见的故障与排除

常见的故障有：

①提升器有异常响声。原因是链条松动或小碗变型。排除方法是调整提升器上端的两调节螺栓或更换小碗。

②振动筛不工作。原因可能是偏心轮转轴已断或传动三角带已松动。排除方法是更换转轴、三角带或调整张紧轮的位置。

③夹秧器有异常响声。原因可能是链条松动或上下夹秧器链

片错位。排除方法是重新安装链条或调节夹秧器前光轮的位置。

④掉果较多。原因是拍土装置摆幅太小。排除方法是调整拉杆的长度。

四、甘蔗联合收割机

甘蔗联合收割机一次完成切梢、砍蔗、剥叶、清理、装运等工作。主要有整秆联合收割机和切段联合收割机，整秆联合收割机只切除蔗梢，切段联合收割机切割成长20～40cm的甘蔗段。

(一) 甘蔗联合收割机的工作质量要求

切割高度合格率>90%，宿根破头率<20%，含杂率<5%，损失率4%。

(二) 甘蔗联合收割机的基本构造

甘蔗联合收割机主要由切梢装置、扶蔗器、砍蔗圆盘刀、剥叶装置、集蔗箱构成。

1. 切梢装置

完成甘蔗的分行、引导蔗梢、切除并抛向已割地。组成：集梢器、切梢圆盘刀、拨梢轮、高度控制油缸。切梢一般采用单个圆盘刀，圆盘周缘固定着几把梯形或矩形刀片。

2. 扶蔗器

用于分行和扶起倒伏的甘蔗，主要有拨指链式和螺旋式两种，拨指链式：用于立式割台。螺旋式：广泛用于卧式割台，轴线与地面成45°～70°倾角，割台两侧的螺旋叶片的旋向相反，工作时向内相对转动。

3. 砍蔗圆盘刀

甘蔗秆粗而高，较难切割。多采用回转式双圆盘割刀。刀盘圆周上装有2～8把矩形或梯形刀片。刀片长度应大于甘蔗直径，能一刀砍下甘蔗。圆盘刀的圆周速度影响宿根蔗的破头率，一般为 15～25m/s。

4. 剥叶装置

剥去甘蔗叶，主要有滚筒式剥叶装置和气流式剥叶装置两种。

滚筒式剥叶装置：由 2～3 对剥叶滚筒和限速轮组成。胶指滚筒：滚筒圆周上用销轴连接着 5～6 排指状橡胶条，同一排胶指相邻间距略小于甘蔗直径。胶指在离心力的作用下甩开，依靠打击和摩擦作用剥除蔗叶。钢丝滚筒：在封闭的圆筒上固定 4～6 排钢丝束，靠摩擦力剥除蔗叶。

气流式剥叶装置：由一对抛送轮和两个压力风扇组成。工作时，必须使甘蔗梢部先喂入。甘蔗被抛送轮以高速向后抛送，风扇的高压气流使蔗叶张开，并且阻止其向后运动，使蔗叶紧贴在抛送轮的表面上，因而将叶片从蔗秆上扯下。

5. 集蔗箱

收集甘蔗的容器是集蔗箱。

（三）工作过程

集梢杆将蔗梢引入切梢圆盘刀进行切割，切下的蔗梢由拨梢轮抛向已切割地面。割台两侧的螺旋扶蔗器用于分行和扶起倒伏的甘蔗，推蔗杆把进入割台喂入口的甘蔗推斜，由底部的双圆盘式砍蔗刀砍断。砍倒的甘蔗在割刀圆盘面、喂入轮、提升轮的共同作用下，喂入剥叶装置。通过剥叶滚筒的橡胶甩片的打击，在向后输送的同时剥去甘蔗叶。排叶轮用以清除夹在甘蔗中已剥离的叶片，输送轮把甘蔗送进集蔗箱。

五、棉花联合收割机

棉花联合收割机可一次完成摘棉、脱棉、送棉、集棉。分为水平摘锭式采棉机、垂直摘锭式采棉机、气吸振动式采棉机。

（一）水平摘锭式采棉机

水平摘锭式采棉机由扶导器、采棉装置、输送装置和棉箱等组成。

水平摘锭采棉机工作过程：

（1）摘锭摘籽棉。扶导器将棉株扶起导入采摘室内，被挤压在80～90mm的空间内，摘锭伸进棉株，高速旋转，将籽棉缠在摘锭上，经栅板孔隙退出采摘室。

（2）脱棉。滚筒把一组组摘锭带到脱棉器下脱棉。

（3）送籽棉。脱下的籽棉被气流送入棉箱。

（4）摘锭再转到湿润器下面被擦净湿润后，又重新进入采摘室采棉。采摘率在90%左右，含杂5%左右，自然落地和机器碰落棉花占5%～10%。

摘锭滚筒上的摘锭端回转的切线速度接近采棉机的前进速度，但方向相反，理论上摘锭与棉株的相对速度等于零，可保持在采棉时棉株直立不倾斜。

（二）垂直摘锭式采棉机

它和水平摘锭式采棉机的主要区别在于采棉装置。其工作原理是：

（1）摘棉。扶导器将棉株引入采棉室，左右两侧滚筒向后相对旋转，使滚筒和棉株接触的周边与棉株的相对速度等于零，保持棉株直立；同时摘锭高速自转把籽棉缠在摘锭上。

（2）脱棉、送棉。当摘锭被滚筒移转到脱棉区时，摘锭倒转，由脱棉辊将籽棉刷到集棉室，然后被气流送入棉箱。

（3）清洗摘锭滚筒。机器在地头转弯时，前后两个清洗喷头向旋转中的摘锭滚筒喷水清洗。

采摘率80%左右，含杂10%左右，落地棉10%左右。受其原理限制，所采籽棉的含杂率很高，落地棉多，必须配套解决落地棉捡拾机和加强籽棉、皮棉的清理。

（三）气吸振动式采棉机

1. 基本原理

利用机械振动棉株的办法，减少籽棉与铃壳的联结力，振动振散吐絮籽棉瓣，并用气流吸走籽棉。

2. 采棉过程

（1）振动棉株：棉株进入采棉室后，被压缩成与采棉室相等的宽度，同时被拨株辊扶持直立，不致倾斜。棉株主杆离地面7cm处遭到振动器橡胶锤的敲打而使棉株振动。

（2）吐絮籽棉瓤被振松变长、振散或跳出铃壳落下。籽棉瓤被两边吸棉嘴吸走，经吸棉管被吸入棉箱。由于橡胶锤表面有弹性，活动装置，打击棉株后可弹回，所以，在适宜的转速下，不会损伤棉株。采棉率可达到90%以上，落地率为0.5%～3%。

第五章　配套农机具安全操作与维修技术

第一节　悬挂犁的使用与维护

悬挂犁主要由工作部件和辅助部件组成。工作部件由主犁体、小前犁、圆犁刀等组成，辅助部件由犁架、悬挂装置和限深轮组成。

一、悬挂犁的部件组成

（一）主要工作部件

1. 主犁体

犁体是铧式犁的主要工作部件，在工作中起翻土和碎土的作用。主犁体由犁铧、犁壁、犁侧板、犁柱和犁托等组成，有的犁体上装有延长板，以增强翻土效果。南方水田犁上装有滑草板，防止杂草、绿肥等缠在犁柱上。

（1）犁铧　犁铧和犁壁构成犁体曲面，是犁体中最重要的零件之一。它的主要作用是入土、切土和抬土。它承受的阻力约占犁体总阻力的1/2，是掣体上磨损最快的零件。

犁铧的形状有梯形、凿形和三角形3种形式，机力犁常用凿形。梯形铧结构简单，可用型钢制造，但铧尖容易磨钝，入土性能差；凿形铧的铧尖呈凿形，可向沟底伸入10～15mm，并向未耕地（沟壁）伸入约5mm，因而有较强的入土能力和较好的工作稳定性；三角犁铧一般呈等腰三角形，铧尖有尖头和圆头两种。

犁铧一般采用65号锰钢可稀土硅锰钢制造，刃口磨锐并淬硬。磨刃的方法有上磨刃和下磨刃两种，一般采用上磨刃，刃角为25°~30°，刃口厚度为0.5~1mm。由于犁铧工作阻力大，磨损严重，使用中应及时磨锐。

（2）犁壁　犁壁是犁体工作面的主要部分，是一个复杂的犁体曲面，其前部为犁胸，起碎土作用；后部为犁翼，主要起翻土的作用。犁壁曲面的主要作用就是把犁铧扛起的土垡加以破碎和翻转。

（3）犁侧板和犁踵　犁侧板是犁体的侧向支撑面，用来平衡犁体工作时产生的侧压力，保证犁体工作中的横向稳定性，支撑犁体稳定地工作。

常用的犁侧板为平板式，断面为矩形，也有倒“T”形和“L”形等形式。

犁侧板多用扁钢制成。犁踵用白口铁或灰铁冷铸，以提高耐磨性能，下端磨损可向下作补偿调节，磨损严重可单独更换犁踵。

（4）犁托和犁柱　犁托是犁铧、犁壁和犁侧板的连接支撑件。其曲面部分与犁铧和犁壁的背面贴合，使它们构成一个完整的、具有足够强度和刚度的工作部件。犁托又通过犁柱固定在犁架上。犁托和犁柱又可制成一体，成为一个零件，称为组合犁柱或高犁柱。犁托常用钢板冲压，有的也用铸钢或球铁铸成。

犁柱上端用螺栓和犁架相连，下端固定犁托，是重要的连接件和传力件。犁柱有钩形犁柱和直犁柱两种。钩形犁柱一般采用扁钢或型钢锻压而成；直犁柱多用稀土球铁或铸钢制成，多为空心管状，断面有三角形、圆形或椭圆形等形式。

2. 小前犁

为了提高犁体的覆盖质量，在主犁体前方安装小前犁，其作用是先将表层土垡翻到沟底，然后用主犁体耕起的土垡覆盖其上，改善覆盖性能。

一般为铧式小前犁，结构与主犁体相似，由犁铧、犁壁和犁柱组成。小前犁安装在主犁体前，耕宽为主犁体耕宽的2/3，耕深一般为8～10cm，但由于铧式小前犁耕宽和耕深较小，故无犁侧板。切角式小前犁和圆盘式小前犁机构复杂，应用较广。

3. 犁刀

犁刀安装在主犁体前方，作用是垂直切开土垡，保持沟壁整齐，减少主犁体阻力，减轻胫刃和磨损。此外，它还有切断杂草残根，改善覆盖质量的作用。

犁刀有圆犁刀和直犁刀两种。目前铧式犁犁刀为圆犁刀。圆犁刀滚动切土，阻力较小，工作质量好，不易挂草和堵塞，在机力犁上得到普遍的应用。圆犁刀主要由刀盘、刀轴、刀毂、刀柄等组成。圆犁刀的刀盘有普通刀盘、波纹刀盘和缺口刀盘等形式，普通刀盘为平面圆盘，容易制造，应用最广。

（二）辅助部件

1. 犁架

犁架是犁的骨架，用来安装工作部件和其他辅助部件，并传递动力，因此犁架应有足够的强度和刚度。

犁架的结构形式有平面组合犁架、三角形犁架、整体犁架3种。平面组合犁架多用在牵引犁上；三角整体犁架用在北方系列悬挂犁上。北方系列悬挂犁犁架由主梁（斜梁）、纵梁和横梁组成稳定的封闭式三角架。犁体安装在斜梁上，犁架前上方安装悬挂架，通过支杆和梁架后端相连，形成固定人字架。犁架多用矩形管钢焊接而成，重量轻，抗弯性能好。

2. 悬挂装置

悬挂犁通过悬挂装置与拖拉机液压悬挂机构相连，实现犁和拖拉机的挂结，并传递动力，还能起到调整犁的工作状态的作用。

悬挂装置主要由悬挂轴组成。悬挂架的人字架安装在犁架前上方，并通过支杆与犁架后部相连；人字架上端有 2 个或 3 个悬挂孔，与拖拉机悬挂机构上的上调节杆相连；悬挂轴左右端的销轴则与拖拉机悬挂机构中间的下拉杆相接，从而构成了悬挂犁的三点悬挂状态。

3. 限深轮

限深轮安装在犁架左侧纵梁上，主要由犁轮、犁轴、支架、支臂和调节丝杆等组成，工作时可调节犁轮与机架的相对高度，以适应不同耕深的要求。顺时针拧动丝杆，限深轮上移，犁的深度增大。限深轮套装在轮轴上，其轴向间隙可通过轴头的花形挡圈进行调整。限深轮有开式和闭式两种形式。一般采用幅板式钢轮。

二、耕地质量的检查及故障与排除方法、维护与保养

（一）耕地质量的检查

1. 耕深检查

在耕地过程中沿犁沟测量沟壁的高度，一般在地块的两端和中间各测若干点取其平均值，与规定的耕深误差不应超过 1cm。如耕后检查耕深时，可用木尺插入到沟底，将测出的深度减去 20% 的土壤膨松度即可。如采用了复式作业或在雨后测定，则可减去 10% 的土壤膨松度。检查时沿地块对角线测定若干点取平均值。在检查耕深时应同时检查各犁体的耕深一致性，可将耕后松土清除后观察沟底是否平整。

2. 重耕和漏耕的检查

在耕地过程中检查犁的实际耕宽，方法是从犁沟壁向未耕地

量出较犁的总耕幅稍大的宽度 B，并插上标记，待下一趟犁耕后再量出新的沟壁至标记处的距离 C，则实际耕宽为 $B—C$。如此值大于犁的总耕幅，则有漏耕；反之有重耕。

此外，还应目测地表平整度、土壤破碎度、接垡和杂草、残茬覆盖和墒沟、垄背等方面的作业质量；目测检查地头、地边有无漏耕。

（二）常见的故障与排除方法、维护与保养

1. 常见的故障与排除方法

常见的故障与排除方法如表 5－1 所示。

表 5－1　常见的故障与排除方法

故障现象	故障原因	排除方法
入土困难	①铧刃磨损 ②土质干硬 ③犁架前高后低 ④犁铧垂直间隙小	①更换犁铧或用锻伸方法修复 ②适当加大入土角和入土力矩或在犁架尾部加配重 ③调短上拉杆长度、提高牵引犁横拉杆或降低拖拉机的拖把位置 ④更换犁侧板、检查犁壁等
耕后地不平	①犁架不平或犁架、犁铧变形 ②犁壁黏土、土垡翻转不好 ③犁体在犁架上安装位置不当或振动后移位	①调平犁架、校正犁柱（非铸件） ②清除犁壁上黏土，并保持犁壁光洁 ③调整犁体在犁架上的位置
水田作业时入土过深	①悬挂犁机组力调节系统不起作用，犁出现钻深现象 ②土壤承压能力较弱	①不用力调节系统 ②使犁架前端稍调高些，安装限深滑板
立垡甚至回垡	①过深 ②速度过慢 ③各犁体间距过小，宽深比不当 ④犁壁不光滑	①调浅 ②加速 ③当耕深较大时，可适当减少铧数，拉开间距 ④清除犁壁上黏土

（续表）

故障现象	故障原因	排除方法
耕宽不稳	①耕宽调节器“U”形卡松动 ②胫刃磨损或犁侧板对沟墙压力不足 ③水平间隙过小	①紧固，若“U”形卡变形则更换 ②增加犁刀或更换犁壁、侧板 ③检查水平间隙，调整或更换犁侧板
漏耕或重耕	①偏牵引、犁架歪斜 ②犁架或犁柱变形 ③犁体距离不当	①调整纵向正柱 ②校正（非铸件）或更换 ③重新安装并调整

2. 维护与保养

①每班作业后，清洁犁体及其表面上的泥土杂草，检查各零部件的紧固情况，并及时修复或更换损坏和变形的零部件。对各润滑点加注润滑油。

②定期检查犁铧、犁壁、犁侧板、犁踵等的磨损情况，若超过规定标准则应更换或修复。

③作业结束后，应拆卸清洗圆犁刀、限深轮、耕宽调节器丝杠与轴承等。全面检查犁的技术状态，更换或修复磨损及变形零件，向各润滑点加注润滑油。犁体、小前犁、犁刀及调整螺杆等涂上防锈油，并放置于库房内保管。犁架若露天停放，上面应盖上防雨布或涂上防锈油。

第二节　旋耕机的使用与维护

一、旋耕机的主要部件组成

旋耕机是用拖拉机动力输出轴驱动工作部件的一种耕作机具。工作部件是根据旋转刀片对土壤进行洗销的原理进行工作的。

（一）旋耕机的类型及性能特点

1. 旋耕机的类型

旋耕机按旋转刀轴的位置可分为横轴式和立轴式；按与拖拉机挂结方式可分为牵引式、悬挂式和直接连接式；按刀轴传动方式可分为中间传动和侧边传动；按刀片旋转方向有正洗式和逆洗式。

2. 旋耕机工作过程及性能特点

（1）旋耕机的工作过程　旋耕机工作时，刀片一方面由拖拉机动力输出轴驱动作回转运动，一方面随机组前进作等速直线运动。刀片在切土过程中首先将土垡切下，随即向后抛扔，土垡撞击罩盖与平土拖板而破碎，然后再落到地面上，由于机组不断前进，刀片就连续地进行松土。

（2）旋耕机的性能特点　旋耕机有如下性能特点。

①碎土能力强，耕后土层松碎，地表平坦，一次作业可达到犁、耙几次作业效果。

②刀片旋转产生的向前推的力，减少了机组所需牵引功率。旋耕机的防陷能力强。通过性能好，除用于水田和潮湿地外，还可以用于开荒菜地、草地和沼泽地等。

③土肥掺和好，秸秆还田可以加快根茬和有机肥料的腐烂，提高肥效，促进作物生长。

④旋耕过程中，功率消耗大，覆盖能力较差，耕深受到限制。

（二）旋耕机的构造

1. 旋耕机的一般机构

旋耕机由机架、传动部分、旋耕刀轴、刀片、耕深调节装置、罩壳和拖板等组成。

2. 主要部件构造

（1）机架　是旋耕机的骨架，由左、右主梁，中间齿轮箱，侧边传动箱和侧板等组成，主梁的中部前方装有悬挂架，下方安装刀轴，后部安装机罩和拖板。

（2）传动部分　由万向节传动轴、中间齿轮箱和侧传动箱组成。拖拉机动力输出轴的动力经万向节传动轴传给中间齿轮箱，然后经侧传动箱传往刀轴，驱动刀轴旋转。

万向节轴是将拖拉机动力传给旋耕机的传动件。它能适应旋耕机的升降及左右摆动的变化。

（3）工作部分　旋耕机的工作部分由刀轴、刀座和刀片等组成。

刀轴用无缝钢管制成，两端焊有轴头，用来和左、右支臂相连接。刀轴上焊有刀座或刀盘。刀座按螺旋线排列焊在刀轴上以供安装刀片；刀盘上沿外周有间距相等的孔位。根据农业技术要求安装刀片。刀片用65号锰钢锻造而成，要求刃口锋利，形状正确，刀片通过刀柄插在刀座中，再用螺钉等固紧，从而形成一个完整刀辊。

旋耕刀片是旋耕机的主要工作部件。刀片的形式有多种，常用的有凿形刀、弯刀、直角刀等。

①凿形刀。刀片的正面为较窄的凿形刃口，工作时主要靠凿形刃口冲击破土，对土壤进行凿切，入土和松土能力强。功率消耗较少，但易缠草，适用于无杂草的熟地耕作。凿形刀有刚性和弹性两种，弹性凿形刀适用于土质较硬的地，在潮湿黏重土壤中耕作时漏耕严重。

②弯形刀片。正面切削刃口较宽，正面刀刃和侧面刀刃都有切削作用，侧刃为弧形刀刃，有滑动作用，不易缠草，有较好的松土和抛翻能力，但消耗功率较大，适应性强，应用较广。弯刀

有左、右之分，在刀轴上搭配安装。

③直角刀。刀刃平直，由侧切刃和正切刃组成，两刃相交约90°。它的刀身较宽，刚性较好，具有较好的切土能力，适于在旱地和松软的熟地上作业。

（4）辅助部件　旋耕机辅助部件由悬挂架、挡泥罩、拖板和支撑杆等组成。悬挂架与悬挂犁上悬挂架相似，挡泥罩制成弧形，固定在刀轴和刀片旋转部件的上方，挡住刀片抛起的土块，起防护和进一步破碎土块的作用。拖板前端铰接在挡泥罩上，后端用链条挂在悬挂架上，拖板的高度可以用链条调节。

（三）立式耕耙犁

立式耕耙犁是一种耕耙联合作业机具。它可以适当弥补犁碎土差、旋耕机耕深浅的不足，能将耕、耙（实际上是旋耕）一次完成。

二、耕耙犁安全操作

耕耙犁是在原有悬挂犁的基础上，截去犁翼装上立式刀辊而成的。通常犁架上所装的万向节轴及主传动轴经过主传动箱、分传动箱等将动力传至立式刀辊，使刀辊作顺时针方向转动（从上往下看）。工作时，犁体曲面将土垡升起，垡片向右悬空翻转时，刀辊上刀片在垡片背面作水平切削，并将切碎的土块抛向右侧犁沟内，从而达到翻、碎土的目的。

①旋耕作业时，要遵守先转（刀轴）后降，边降边走，转速由低到高，入土由浅变深的操作方法，以防止机件损坏，切忌猛降入土，禁止转弯耕作。

②旋耕机在检查、保养和故障排除时，必须切断动力，将旋耕机降至地面。需要更换部件时，要把旋耕机垫牢，发动机灭火，确保安全。

③在地头转弯时，为提高效率，可在提升时不切断动力，但

应减小油门，降低万向节轴，转速由低到高速，并注意保证万向节的倾斜度不超过30°。

④万向节和刀片的安装要牢固，旋耕作业时，机后禁止站人，以保证人身安全。

三、旋耕机常见故障及排除方法

旋耕机的常见故障及排除方法如表5－2所示。

表5－2 旋耕机常见的故障及排除方法

故障现象	产生原因	排除方法
负荷过大拉不动	①耕深过大 ②土壤黏重、干硬	①减小耕深 ②降低工作速度和犁刀转速
旋耕机向后间断抛出大土块	①犁刀弯曲、变形或切断 ②犁刀丢失	①矫正或更换犁刀 ②重新安装上犁刀
耕后地面不平	机组前进速度与刀轴转速不协调	调整两者速度的配合关系
旋耕刀轴转不动	①齿轮或轴承损坏后咬死 ②侧挡板变形后卡住 ③旋耕刀轴变形 ④旋耕刀轴被泥草堵塞 ⑤传动链折断	①修理或更换 ②矫正修理 ③矫正修理 ④清除堵塞物 ⑤修理或更换
工作时有金属敲击声	①旋耕刀固定螺丝松动 ②旋耕刀轴两端刀片变形后敲击侧板 ③传动链过松	①拧紧固定螺丝 ②矫正或更换 ③调整链条紧度，如过长可去掉一对链节
旋耕刀变速有杂音	①安装时有异物落入 ②轴承损坏 ③齿轮牙齿损坏	①取出异物 ②更换轴承 ③修理或更换

第三节 深松机的使用与维护

一、深松机的主要部件组成

（一）深松耕法的意义及形式

深松耕法是一种新的土壤耕作方法。它有打破犁地层，加深耕作层，改善耕层结构，提高土壤蓄水保墒，抗旱耐劳的能力。深松能增温放寒，促进养分转化，提高产量，适合于干旱、半干旱地区和丘陵地区的耕作。对于耕层瘠薄、不适于深翻的土壤，如盐碱土、白浆土、黄土等，深松作业能保持上下土层不混不乱。深松耕与施肥相结合，已成为改良土壤的主要措施。

深松耕法有多种形式，既可在作物收割后进行全面深松，又可在播种之前或播种同时及作物生长期间进行种床和行间深松。黑龙江垦区多年来总结出以下 3 种深松耕法的形式。

（1）平翻深松　伏、秋翻时在犁上增加深松部件，边翻边松，上翻下松，可有效地打破犁底层，加深耕作层，深度可达 18 ~ 30cm。

（2）深松耙茬　用深松机具深松而不翻，深度可达 25 ~ 30cm，再用圆盘耙配套作业。

（3）交叉深松　麦收后用茎秆粉碎机或灭茬耕作机，把茎秆切碎后抛撒在地面，再用深松机交叉深松两遍，深度可达 35cm 左右，再用圆盘耙耙两遍。

（二）深松机具的种类和一般构造

1. 深松机具的种类

按完成的作业项目的不同，深松机具可分为深松犁和深松作业联合机，还有的在原来机具的基础上加装深松部件。

（1）七铧犁加深松部件　七铧犁有 7 组，通过仿形机构安装在梁上，主要用于垄沟、垄帮和垄体深松，深度为 18 ~ 30cm。它采用分层松土，使前铲为后铲深度的 1/2，这样不易起大土块，碎土效果好。铲头采用鸭掌铲，有较好的碎土效果。

（2）机引五铧犁加深松部件　这种深松部件用于平翻深松。深松部件是用四杆机构固定在各主犁体后面的，可随犁的起落而升降，运输时深松铲高于犁体支持面，地头转弯时不易挂草。深松铲的铲柄为垂直杆式，铲头有单翼和双翼两种。

（3）悬挂犁上加深松部件　深松部件直接焊接或用螺栓固定在主犁体的犁床上，加深的深度为8～10cm，主要用来翻后同时打破犁地层。这种深松部件结构简单，铲头为凿形，制造容易，用料少，多用于悬挂犁上。

2. 深松犁的一般构造

深松犁的一般构造有机架，机架前有悬挂架，后端有横梁用以安装深松铲。机架前端两侧安装有限深轮，用以调整和控制松土深度。工作部件一般为凿形松土铲，直接装在机架横梁上，其深松铲前、后排两行，通过性好，不易堵塞。深松后地表较平整。深松机上备有安全销，耕作中遇到树根或石块等大障碍物时，能保护深松铲不受损坏。机架除T形结构外，还有木形架结构，这样才能安装成前后两行深松铲。深松犁多与大马力拖拉机配套，最大深度一般可达50cm。

（三）深松部件

1. 深松铲

深松铲是深松机的主要工作部件，由铲头和铲柄两部分组成。

（1）铲头　为了适应不同的作业要求，铲头形式有凿形铲、鸭掌铲、双翼铲等。

①凿形铲。又称平板铲，其特点是碎土性能好，工作阻力小，结构简单，强度高，制造容易。它适用于全面深松，也可用于行间深松和种床深松，是应用最广泛的一种深松铲。

②鸭掌铲。幅宽大于凿形铲，一般为10cm，没有铲翼，故强度好；入土能力强，工作阻力小；但制造工艺复杂，用料也比凿形铲多，通用性广。鸭掌铲适用于幼苗期行间深松、上翻下松和耙茬深松等作业。

③双翼铲。幅宽较大，一般大于10cm，铲翼略长，松土范围大，入土和碎土能力强，但结构复杂，工作阻力大。分层深松时，适用于松表层土壤，还可用于除荐作业。

（2）铲柄　铲柄的形式有垂直直杆式和圆弧弯杆式两种。

①垂直直杆式铲柄。杆的上部为矩形断面，下部有的制成前棱角形，易入土和切土。这种铲柄制作容易，用料少，安装方便，但阻力大，易挂草。机引五铧犁上加装的深松铲铲柄属于直杆式。

②圆弧弯杆式铲柄。铲柄为，弧形，铲柄上部为矩形断面，下部入土部分的前面制成尖菱形，有碎土和减少阻力的作用。

有的凿形铲的铲柄在深松时，为了使表土得到较好的松碎，常在铲柄上装较宽的铲翼。

二、作业后长期保存

①用撑杆将机具支撑靠牢。

②卸下限深轮，在滚珠轴承内填加黄油后再安装回原位。

③检查并拧紧螺栓等紧固件。

④在露出铁质的刀面上涂防锈油。

第四节　播种机

一、概述

（一）播种目的和意义

（1）根据农艺技术要求，使作物获得良好的生长发育条件，保证苗齐苗壮，为增产增收打下良好基础。

（2）机播质量好，效率高；适时保证，为田间管理创造好条件。

（二）播种方法

现阶段农业生产的种植方式仍然是经典的和传统的，总结起来大致有以下几种方式：撒播、条播、穴播和精密播种、铺膜播种、免耕播种等。

1. 撒播

将种子按要求的播量撒布于地表，再用其他工具覆土的播种方法，称为撒播。撒播时种子分布不大均匀，且覆土性差，出苗率低。原用于人工播种，后来虽出现过一些撒播机，但现在已很少采用。用于大面积种草、植树造林的飞机撒播。①播种速度快；②可适时播种和改善播种质量，且对整地无特殊要求。

2. 条播

将种子按要求的行距、播量和播深成条地播入土壤中，然后进行覆土镇压的方式。种子排出的形式为均匀的种子流，主要应用于谷物播种如小麦、谷子、高粱、油菜等。条播不计较种子的粒距，只注意一定长度区段内的粒数。条播时覆土深度一致，出苗整齐均匀，播种质量较好，条播的作物便于田间管理作业，应用很广，可用于播种多种作物。

3. 穴播（点播）

按规定行距、穴距、播深将种子定点投入种穴内的方式。该方法可保证苗株在田间分布合理、间距均匀。某些作物如棉花、豆类等成簇播种，还可提高出苗能力。主要应用于中耕作物播种如玉米、棉花、花生等。与条播相比，节省种子、减少出苗后的间苗管理环节，充分利用水肥条件，提高种子的出苗率和作业效率。

4. 精密播种

按精确的粒数、间距与播深，将种子播入土中，称为精密播种，是穴播的高级形式。精密播种可节省种子和减少间苗工作量，但要求种子有较高的田间出苗率并预防病虫害，以保证单位面积内有足够的植株数。

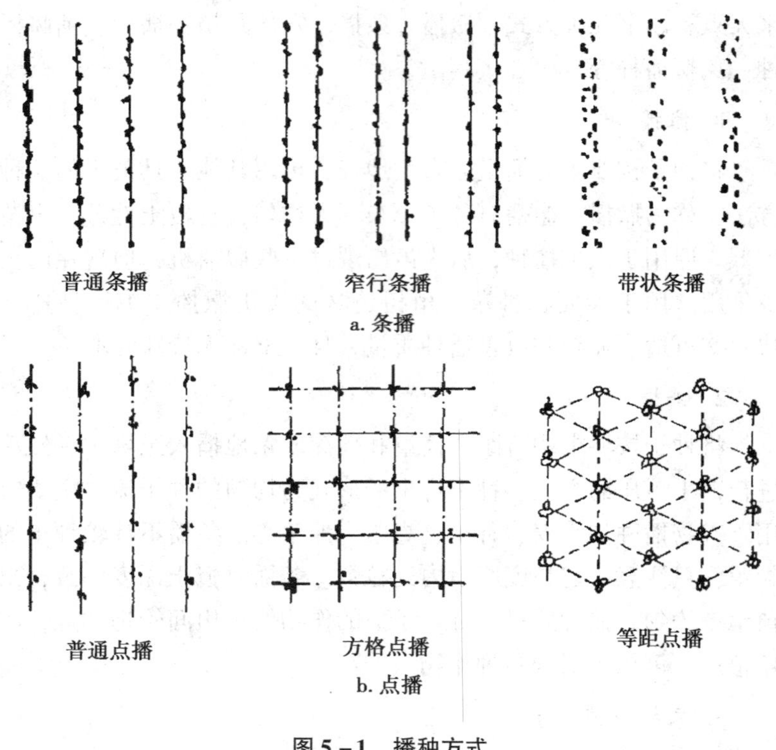

图 5－1　播种方式

5. 铺膜播种

播种时在种床表面铺上塑料薄膜，种子出苗后，幼苗长在膜外的一种播种方式。这种方式可以是先播下籽种。随后铺膜，待幼苗出土后再由人工破膜放苗；也可以是先铺上薄膜，随即在膜上打孔下种。

铺膜播种的优点：①提高并保持地温；②减少土壤水分蒸发；③改善植株光照条件；④改善土壤物理性状和肥力；⑤可抑制杂草生长。

地膜栽培有许多优点，但成本较高、消耗费力较多，技术要求也较高。作物收获后，残膜回收问题也未完全解决。所以目前主要用在花生、棉花、蔬菜等经济价值较高的作物栽培上。

6. 免耕播种

前茬作物收获后，土地不进行耕翻，让原有的秸秆、残茬或枯草覆盖地面，待下茬作物播种时，用特制的免耕播种机直接在前茬地上进行局部的松土播种；并在播种前或播种后喷洒除草剂及农药。

特点：①可降低生产成本、减少能耗、减轻对土壤的压实和破坏；②可减轻风蚀、水蚀和土壤水分的蒸发与流失；③节约农时。

7. 其他播种方法

（1）平播。种子播在平整的土地上。

（2）垄播。种子播在垄脊上。如直播水稻。

（3）沟播。种子播在垄沟内。保护幼苗免风沙袭（半干旱区）。

二、播种机类型及一般构造

（一）播种机的分类

播种机的类型很多，有多种分类方法。

（1）按播种方法可分为撒播机、条播机和穴播机；按播种的作物分有谷物播种机、棉花播种机、牧草播种机、蔬菜播种机。

（2）按联合作业可分为施肥播种机、旋耕播种机、铺膜播种机、播种中耕通用机。

（3）按牵引动力可分为畜力播种机、机引播种机、悬挂播种机、半悬挂播种机。

（4）按排种原理可分为气力式播种机和离心式播种机。

随着农业栽培技术、生物技术、机电一体化技术的发展，又出现了免耕播种机、多功能联合播种机等。

（二）播种机的一般构造和工作过程

播种机类型很多，结构形式不尽相同，但其基本构成是相同的。播种机一般由排种器、开沟器、种子箱、输种管、地轮、传动机构、调节机构等组成，在施肥播种机上还有排肥器、输肥管。

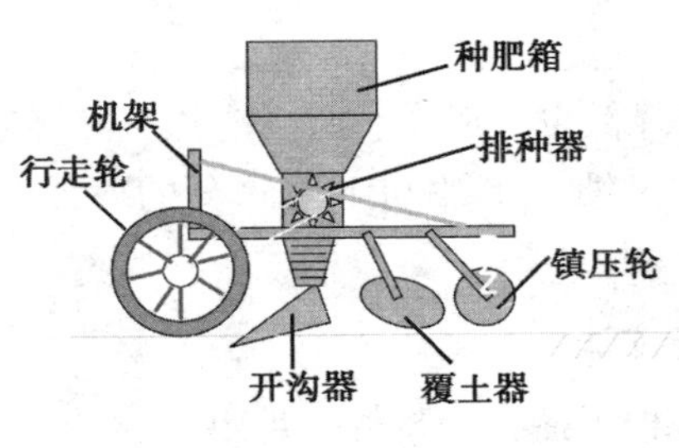

图 5－2

1．排种器

排种器是播种机的主要工作部件，其工作性能的好坏直接影响播种机的播种量、播种均匀性和伤种率等性能指标。常用排种器可分为条播和穴播两大类。条播排种器有外槽轮式、内槽轮式、锥面型孔盘式、匙式、磨纹盘式、离心式、摆杆式、刷式；穴播排种器有各种型孔盘式（水平、垂直、倾斜）、窝眼轮式、型孔带式、离心式、指夹式以及各种气力式（气吸式、气吹式及气送式等）。

2．开沟器

开沟器也是播种机的重要工作部件之一，它的作用是在播种机工作时，开出种沟，引导种子和肥料入土并能覆盖种子和肥料。对开沟器的性能要求是：入土性能好，不缠草，开沟深度能在 20cm 内调节，以湿土覆盖种子，工作阻力小。

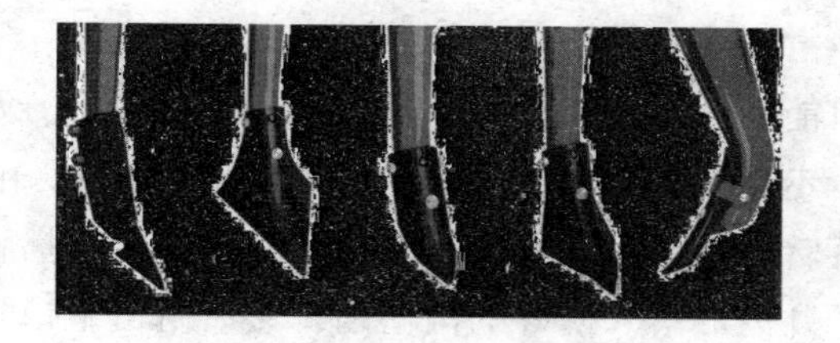

图 5-3

3. 播种机的辅助构件

(1) 机架：用于支持整机及安装各种工作部件。一般用型钢焊接成框架式。

(2) 传动和离合装置通常用行走轮通过链轮、齿轮等驱动排种、排肥部件。链轮或齿轮一般均能调换安装，以改变排种、排肥传动比调节播种量或播肥量。各行排种器和排肥器均采用同轴传动。

(3) 划印器：播种作业行程中按规定距离在机组旁边的地上划出一条沟痕，用来指示机组下一行程的行走路线，以保证准确的邻接行距。

(4) 起落和深浅调节装置。

(三) 几种典型的播种机

1. 条播机

条播机主要用于谷物、蔬菜、牧草等小粒种子的播种作业，常用的有谷物条播机。

用于不同作物的条播机除采用不同类型的排种器和开沟器外，其结构基本相同，一般由机架、牵引或悬挂装置、种子箱、排种器、传动装置、输种管、开沟器、划行器、行走轮和覆土镇压装置等组成。其中影响播种质量的主要是排种装置和开沟器。常用的排种器有槽轮式、离心式、磨盘式等类型。开沟器有锄铲式、靴式、滑刀式、单圆盘式和双圆盘式等类型。

条播机能够一次完成开沟、排种、排肥、覆土、及镇压等工序。采用行走轮驱动排种（肥）器工作。作业时，由行走轮带动排种轮旋转，种子自种子箱内的种子杯按要求的播种量排入输种管，并经开沟器落入开好的沟槽内，然后由覆土镇压装置将种子覆盖压实。出苗后作物成平行等距的条行。

2. 穴播机

穴播机是按一定行距和穴距，将种子成穴播种的种植机械。每穴可播 1 粒或数粒种子，分别称单粒精播或多粒穴播，主要用于玉米、棉花、甜菜、向日葵、豆类等中耕作物，又称中耕作物播种机。每个播种机单体可完成开沟、排种、覆土、镇压等整个作业过程。

穴播机主要由机架、种子箱、排种器、开沟器、覆土镇压装置等组成。机架由主横梁、行走轮、悬挂架构成，而种箱、排种器、开沟器、覆土器、镇压器等则构成播种单体。播种单体通过四杆仿形机构与主梁连接，可随地面起伏而上下仿形。单体数与播行数相等，每一单体上的排种器由行走轮或该单体的镇压轮驱动。调换链轮可调节穴距。

工作时，由行走轮通过传动链条带动排种轮旋转，排种器将种子箱内的种子成穴或单粒排出，通过输种管落入开沟器所开的种槽内，然后由覆土器覆土，最后镇压装置将种子覆盖压实。

穴播机主要工作部件是靠成穴器来实现种子的单粒或成穴摆放。目前，我国使用较广泛的穴播机是水平圆盘式、窝眼轮式和气力式穴播机。2BZ－6 型悬链式播种机，是国内较典型的入穴播式播种机，主要用于大粒种子的穴播。

3. 精密播种机

以精确的播种量、株行距和深度进行播种的机械。具有节省种子，免除出苗后的间苗作业，使每株作物的营养面积均匀等优点。多为单粒穴播和精确控制每穴粒数的多粒穴播。一般在穴播机各类排种器的基础上改进而成。如改进窝眼轮排种器上孔型的形状和尺寸，使其只接受一粒种子并防止空穴；将排种器与开沟器直接连接或置于开沟器内以降低投种高度，控制种子下落速度，避免种子弹跳；在水平圆盘排种器上加装垂直圆盘式投种器，以改变投种方向和降低投种高度，避免种子位移；在双圆盘式开沟器上附装同位限深轮，以确保播种深度稳定。多粒精密穴播机是在排种器与开沟器之间加设成穴机构，使排种器排出的单粒种子在成穴机构内汇集成精确数量的种子群，然后播入种沟。此外，还研制了一些新的结构，如使用事先将单粒种子按一定间距固定的纸带播种，或使种子从一条垂直回转运动的环形橡胶或塑料制种带孔排入种沟等。

目前国内外播种玉米、大豆、甜菜、棉花等中耕作物的播种机多数采用精密播种，即单粒点播和穴播。一般中耕作物精密播种机的组成分为以下几部分。

（1）机架。多数为单梁式。各工作部件都安装其上，并支撑整机。

（2）排种部件。种子箱和能达到精密播种的机械式或气力式排种器，包括可调节的刮种器和推种器。

（3）排肥部件。包括排肥箱、排肥器、输肥管和施肥开沟器。

（4）土壤工作部件及其仿形机构。包括开沟器、覆土器、仿形轮、镇压轮、压种轮及其连杆机构等。

有的精密播种机还配备施撒农药和除草剂的装置。

4. 铺膜播种机

铺膜播种机主要由铺膜机和播种机组合而成。按工艺特点可分为先铺膜后播种和先播种后铺膜两大类。该机由机架、开沟器、镇压辊（前）、展膜辊、压膜辊、圆盘覆土器（前）、穿孔播种装置、圆盘覆土器（后）、镇压辊（后）、膜卷架、施肥装置等组成。

作业时，肥料箱内的化肥由排肥器送入输肥管，经施肥开沟器施在种行的一侧，平土器将地表干土及土块推出种床外，并填平肥料沟，同时开出两条压膜小沟，由镇压辊将种床压平。塑料薄膜经展膜辊铺至种床上，由压膜辊将其横向拉紧，并使膜边压入两侧的小沟内，由覆土圆盘在膜边盖土。种子箱内种子经输种管进入穴播滚筒的种子分配箱，随穴播滚筒一起转动的取种圆盘通过种子分配箱时，从侧面接受种子进入取种盘的倾斜型孔，并经挡盘卸种后进入种道，随穴播滚筒转动而落入鸭嘴端部。当鸭嘴穿膜打孔达到下死点时，凸轮打开活动鸭嘴，使种子落入穴孔，鸭嘴出土后由弹簧使活动鸭嘴关闭。此时，后覆土圆盘翻起的碎土，小部分经锥形滤网进入覆土推送器，横向推送至穴行覆盖在穴孔上，其余大部分碎土压在膜边上。

5. 免耕播种机

它是在未耕整的茬地上直接播种，与此配套的机具称为免耕播种机。免耕播种机的多数部件均与传统播种机相同，不同的是由于未耕翻地土壤坚硬，地表还有残茬。因此，必须配置能切断残茬和破土开种沟的破茬部件。

6. 播种机与拖拉机连接

（1）拖拉机与播种机挂接时，机具中心应对正拖拉机中心，按要求的连接位置进行挂接，保证播种机的仿形性能。

（2）使用轮式拖拉机时，要根据不同作物的行距来调整拖拉机的轮距，使轮子走在行间，以免影响播种质量。

（3）拖拉机与播种机挂接后，应使机具工作时左右前后保持水平。调整拖拉机悬挂机构的提升杆可调整播种机左右水平；调整拖拉机悬挂中心拉杆，可调整播种机前后水平。播种作业中，应将拖拉机液压操纵杆放在“浮动”位置。

（4）悬挂播种机升起时，拖拉机如果有翘头现象，可在拖拉机前头保险杠加配重块，以增加拖拉机操纵稳定性。

（5）牵引两台以上播种机作业时，需用连接器。连接播种机时，应使整个播种机组中心线对准拖拉机的中心线。

（四）播种机的播前准备

（1）清除油污脏物，并将润滑部位注足润滑脂。紧固螺栓及连接部位，不得有松动、脱出现象，传动机构要可靠，链条张紧度要合适，拖拉机与播种机挂接要正确，开沟器工作正常。并进行空转试验，待各运转机构均正常后，方可开始工作。

（2）按播种要求调整有关部位，如播量、行距、播深等。

（3）检查种子和肥料，不得混有石块、铁钉、绳头等杂物，肥料不应有结块。

（4）播种前应组织好连片作业，预先把种子、肥料放在地头适当位置，以提高作业效率。

（5）检查仿形机构，地轮转动是否灵活，排种盘和排肥盘是否适合要求，覆土器角度是否满足覆土薄厚的要求。如果这些正常，可先找一块平坦田地试验，检查种肥的排量，如不妥，就应进行调整。

（五）正确操作播种机

（1）上述调整正常后，方可下地投入正常作业。播第一趟时要选好开播点，在视线范围内找好标志，力求一次开直，以便后期中耕管理。行走路线一般采用棱形法。在刚开始作业时，离地头 2～3m 处停下来，检查开沟的深度（根据墒情而定），如过深或过浅应调整。

（2）充分利用土地面积。播种时，驾驶员应按计划尽量将种子播近边、播到头，做到不留地头、不留大边，充分利用耕地面积。

（3）在开沟器入土状态下，机组不能倒退、不准急转弯。

操作播种机的注意事项：

（1）随时注意各机构的工作情况，如各传动机构工作是否正常，输种管下端是否保持在开沟器下种口内，种肥在排出中有否堵塞，肥料在箱内是否有架空，地轮有否粘土等。

（2）及时添加种肥，箱内种肥不少于1/4容积。

（3）及时清理种箱和肥箱。播完一种作物后，要及时清理种箱，严防种子混杂；同时，还应清理肥箱，防止化肥和农药腐蚀金属。

（4）作业中要经常用眼睛观察地轮是否运转自如，有没有捞爬现象。发现故障应及时排除。

（5）地头或田间停车后，为了避免漏播，可将播种机升起后退一定距离，然后再继续工作。但后退的距离不能过长或过短，过长会浪费时间和种子，过短会产生漏播。

（6）要及时清除开沟器前方拖带的杂草和残茬，以免造成断条、拖堆而缺苗。

（7）地里杂草多、茬子多的情况下，应把前支铲安装上，以便清除残茬，保证播种质量。播种速度应保持在4～7km/h左右。

（8）播种完一个小区，要核实播种量，不符合播种要求时，要调整后再播种下一个小区。

（9）播后要在12h内及时镇压，以保持土壤中的水分和坚实程度，有利于种子发芽。

（10）种子和肥料必须经过筛选后方能使用，肥料要选择流动性较好的二铵、尿素等，这样能保证下肥均匀。

（11）使用悬挂式播种机，在提升或降落时，应在播种机行进中缓慢进行，以免造成机件损坏和开沟器堵塞。

（12）播种机转移地块或运输时，种子箱内不应装有种子，工作时再重新加入。

（六）安全规则

（1）播种机驾驶员与播种机机手之间要规定联络信号，按信号进行操作。

（2）机组运行中，操作人员应在规定范围内活动，禁止跳上跳下；禁止无关人员站在播种机上；禁止在未停机状态下对播种机进行调整、紧固、润滑。如需清除排种器和开沟器上的泥土、杂草，应用木杆或专用工具，严禁用手直接清除。

（3）机组地头转弯要有足够的转弯半径，转向时应将播种机升起。

（4）播种机作业尽量不安排在夜间进行，必须在夜间作业时，应安装照明和灯光信号设备。

（5）播种机组转移地块时，播种机上严禁站人。

三、播种机的技术保养

1．班次保养

（1）每班作业结束后，应清除机器上的泥土、杂草，检查连接件的紧固情况，如有松动，应及时拧紧。

（2）检查各转动部件是否灵活，如不正常，应及时调整和排除。

（3）传动链等有摩擦的部位应加注相应的润滑油。

（4）每次工作结束后，要清空种箱和排种器内的种子。停机时，要落下播种机且要放平。

2．存放保养

（1）彻底清理播种机各处泥土、杂草等，冲洗种、肥箱并晾干，涂防锈蚀。

（2）播种机脱漆处应涂漆。损坏或丢失的零部件要修好或补齐，存放于通风干燥处，妥善保管。

（3）传动部分及润滑嘴均应清洗干净，各润滑部位均应加足润滑油，链轮、链条要涂油存放，对各弹簧应调整到不受力的自由状态。

（4）播种机上不要堆放其他物品。播种机应放在干燥、通风的库房内，如无条件，也可放在地势高且平坦处，用棚布加以遮盖。放置时，应将播种机垫平放稳。

（5）播种机在长期存放后，在下一季节播种开始之前，应提早进行维护检修。

四、播种机常见故障排除

1. 地轮滑移率大

（1）故障原因：播种机前后不平；传动机构阻卡；液压操纵手柄处中立位置。

（2）根据上述原因分别采取调整拖拉机上拉杆长度；排除故障，消除阻力；应处于浮动位置。

2. 不排种

（1）故障原因：种子架空；传动失灵；刮种器位置不对；气吸管脱落或堵塞。

（2）根据上述原因分别采取排除架空现象；检查传动机构，恢复正常；调整刮种器适宜程度；安好气吸管，排除堵塞。

3. 开沟器堵塞

（1）故障原因：农具降落过猛或未升起倒车；土壤太湿。

（2）根据上述原因分别采取升起农具，停车清理堵塞现象，应在行进中降落农具；发现堵塞，停车清理。

4. 漏种

（1）故障原因：输种管堵塞脱落；输种管损坏；土壤湿黏，开沟器堵塞；种子不干净，堵塞排种器。

（2）根据上述原因分别采取经常检查排除；在合适条件下播种；将种子清选干净。

5. 播深不一致

（1）故障原因：播种机机架前后不水平；各开沟机安装位置不一致；播种机机架变形、有扭曲现象。

（2）根据上述原因分别采取正确连接、使机架前后水平；调整一致；修复并校正。

6. 行距不一致

故障原因：开沟器配置不正确；开沟器固定螺钉松动。

7. 播量不一致

（1）故障原因：地面不平，土块太多；排种轮工作长度不一致；播种舌开度不一致；播量调节手柄固定螺钉松动；种子内含有杂质；排种盘吸孔堵塞；作业速度太快；排种盘孔型不一致。

（2）根据上述原因分别采取提高耕地质量；进行播种量试验，正确调整排种轮工作长度和排种舌开度；重新固定在合适位置；将种子清选干净排除故障；调整合适的作业速度；选择相同排种盘孔型。

8. 播种过浅

（1）故障原因：土壤过硬；牵引钩挂接位置偏低。

（2）根据上述原因分别采取提高整地质量；向上调节挂接点位置。

9. 邻接行距不正确

（1）故障原因：划印器臂长度不对；机组行走不直。

（2）根据上述原因分别采取校正划印器臂的长度；严格走直。

第五节　施肥机

一、肥料的种类及施用方法

肥料施于土壤或植物上，能够改善植物生长发育和营养条件的一切有机和无机物质。肥料一般可分为化学肥料和有机肥料两大类，每一大类中都有固体和液体两种形态。近年来，我国已成功研制出叶面肥并推广应用。

（1）化学肥料一般加工成颗粒状、晶状或粉状，一般只含有一种或两、三种营养元素，但含量高，肥效快，用量也少。液态化肥主要是液氨和氨水。液氨含氮量约82%，氨水则是氨的水溶液，含氮量仅为15%～20%。

（2）有机肥料主要是由人畜粪尿、植物茎叶及各种有机废弃物堆积沤制而成，亦称农家肥。有机肥能增加土壤中有机质含量，改善土壤结构，还能提供作物所需的多种养分。但肥效缓慢。

（3）根据作物的营养时期和施肥时间，可把施用的肥料分成基肥、种肥和追肥。

①施基肥在播种或移植前先用撒肥机将肥料撒在地表，犁耕时把肥料深盖在土中。或用犁载施肥机，在耕翻时把肥料施入犁沟内。水田常在泡水犁田后，均匀撒入肥料，然后再耙田。

②施种肥在播种时将种子和肥料同时播入土中。过去多用种肥混施方法，近几年则广泛采用侧位深施、正位深施等更为合理的种肥施用方法。

③施追肥在作物生长期间，将肥料施于作物根部附近；或用喷雾法将易溶于水的营养元素（叶面肥）施于作物叶面上，称为根外追肥。

二、施肥机类型

施肥机械根据肥料种类和施用方式的不同，可分为化肥撒肥机、液氨及氨水施用机、厩肥撒布机、厩液施用机及施肥播种机。

三、施肥机的选购

在选购施肥机具时应注意以下两个问题。

选购的施肥机应满足施肥作业要求，化肥主要有三种施用形式，即用作底肥、种肥和追肥。三种施肥形式对机具的要求各不相同。施用底肥时选用犁底施肥机效果较好（化肥施在地表时间短，损失小），选购带有施种肥装置的播种机时，应特别注意种肥的施放位置（化肥距种子太近易烧种，影响出苗，应禁止种子与化肥混合播施），选购追施化肥机时，应选购窄型开沟器的施肥机，并注意其排肥机构既能适应碳酸氢铵等粉末状吸湿性化肥，又能保证施用尿素等小颗粒化肥的均匀性。

应根据本地区多用的化肥品种选购机具，选购施肥机时应特别注重能否施用碳酸氢铵。因为碳酸氢铵是我国目前施用量最大的氮肥品种，碳酸氢铵价格低廉，肥效快，长期使用不会对土壤造成不良影响，但碳酸氢铵又具有易挥发失效和容易吸潮而结块的特点，施用时易在肥箱中形成架空，造成不排肥，使施肥机不能正常工作。因此，推荐使用搅刀—拨轮式排肥器的施肥机。

四、化肥深施机具

化肥深施是指用机械或手工工具将化肥按农作物生长情况所需的数量和化肥位置效应，施于土表以下 6 ~ 10cm 的深度。这是提高化肥利用率的一项重要节本增效措施。而化肥深施需要性能优良的施肥机。

化肥深施机具按肥料施用方法，可分为犁底施肥机、播种施肥机和追肥机。按配套动力又可分为机力、畜力和人力化肥深施机三类，下面介绍几种主要机型。

1. 犁底施肥机

犁底施肥机通常是在铧式犁上安装肥箱、排肥器、导肥管及传动装置等，在耕翻的同时进行底肥深施。

一种与六铧犁配套的犁底施肥机。该机主要由钢丝软轴、中间传动轴、变速箱、肥箱及排肥装置等组成。工作时，拖拉机动力经动力输出轴、钢丝软轴至变速箱，经过变速箱减速后用链轮带动搅刀一拨轮式排肥器。排出的化肥经漏斗、导肥管、散肥板后均匀地落在犁沟内，然后由犁铧翻土和合墒器将化肥覆盖严密。该机采用搅刀拨轮式排肥器，可排施吸湿潮解后流动性差的碳酸氢铵，也可兼施尿素、磷氨等流动性好的化肥；采用普通钢丝绳中间吊挂支撑软轴代替万向节传动，简化了传动结构。

2. 播种施肥机

如前所述，种肥的合理施用方法是种、肥分开深施。一般是在播种机上采用单独的输肥管与施肥开沟器，也可采用组合式开沟器。

（1）组合式开沟器。利用组合式开沟器可以实现正位深施，组合式开沟器有双圆盘式和锄铲式等，其特点是导肥管和导种管单独设置，导肥管在前，而导种管位于后方，工作原理基本相同。开沟器入土后开出种肥沟，肥料通过前部投肥区落入沟底，被一次回土盖住。种子通过投种区落在散种板上，反射后散落在一次回土上，由二次回土覆盖。

（2）谷物施肥沟播机。谷物施肥沟播机采用播后留沟的沟播农艺和种肥侧位深施。作业时，镇压轮通过传动装置带动排种器和搅刀－拨轮式排肥器工作，化肥和种子分别排入导肥管和导种管。同时，施肥开沟器先开出肥沟，化肥导入沟底后由回土及播种开沟器的作用而覆盖；位于施肥开沟器后方的播种开沟器再开出种沟，将种子播在化肥侧上方，然后由镇压轮压实所需的沟形。用谷物沟播机进行小麦沟播施肥，可以提高肥效，增加土壤含水量，平抑地温，减轻冻害和盐碱化危害，因而出苗率高，麦株生长健壮，成穗率高。在干旱和半干旱地区中低产田应用，具有显著的增产作用；在灌区高产田增产效果不明显。

3. 追肥深施机械

2FT－1多用途碳铵追肥机适用于旱地深施碳铵，也可兼施尿素等流动性好的化肥，还可用于玉米、大豆、棉花等中耕作物的播种。工作时由人力或畜力牵引，一次完成开沟、排肥（或排种）、覆土和镇压四道工序。该机采用搅刀—拨轮式排肥器，能可靠、稳定、均匀地排施碳酸氢铵；采用凿式开沟器，肥沟窄而深，阻力小，导肥性能良好；换用少量部件可用于播种中耕作物。

第六节　水稻插秧机

机械化插秧技术就是采用高性能插秧机代替人工栽插秧苗的水稻移栽方式，主要包括高性能插秧机的操作使用、适宜机插秧苗的培育、大田农艺管理措施的配套等内容。新型高性能插秧机采用了曲柄连杆插秧机构、液压仿形系统，机械的可靠性、适应性与早期的插秧机相比有了很大提高，作业性能和作业质量完全能满足现代农艺要求。

一、高性能插秧机的工作原理及技术特点

（一）插秧机的工作原理

目前，国内外较为成熟并普遍使用的插秧机，其工作原理大体相同。发动机分别将动力传递给插秧机构和送秧机构，在两大机构的相互配合下，插秧机构的秧针插入秧块抓取秧苗，并将其

取出下移，当移到设定的插秧深度时，由插秧机构中的插植叉将秧苗从秧针上压下，完成一个插秧过程。同时，通过浮板和液压系统，控制行走轮与机体、浮板与秧针的相对位置，使得插秧深度基本一致。

（二）插秧机的主要技术特点

1. 基本苗、栽插深度、株距等指标可以量化调节

插秧机所插基本苗由每亩所插的穴数（密度）及每穴株数所决定。根据水稻群体质量栽培扩行减苗等要求，插秧机行距固定为30cm，株距有多挡或无级调整，达到每亩1万~2万穴的栽插密度。通过调节横向移动手柄（多挡或无级）与纵向送秧调节手柄（多挡）来调整所取小秧块面积（每穴苗数），达到适宜基本苗，同时插深也可以通过手柄方便地精确调节，能充分满足农艺技术要求。

2. 具有液压仿形系统，提高水田作业稳定性

它可以随着大田表面及硬底层的起伏，不断调整机器状态，保证机器平衡和插深一致。同时随着土壤表面因整田方式而造成的土质硬软不同的差异，保持船板一定的接地压力，避免产生强烈的壅泥排水而影响已插秧苗。

3. 机电一体化程度高，操作灵活自如

高性能插秧机具有世界先进机械技术水平，自动化控制和机电一体化程度高，充分保证了机具的可靠性、适应性和操作灵活性。

4. 作业效率高，省工节本增效

步行式插秧机的作业效率最高可达0.27hm^2/h，乘坐式高速插秧机0.47hm^2/h。在正常作业条件下，步行式插秧机的作业效率一般为0.17hm^2/h，乘坐式高速插秧机作业效率一般为

0.33hm²/h，远远高于人工栽插的效率。

二、高性能插秧对作业条件的要求

高性能插秧机由于采用中小苗移栽，因而对大田耕整质量要求较高。一般要求田面平整，全田高度差不大于3cm，表土硬软适中，田面无杂草、杂物，麦草必须压旋至土中。大田耕整后需视土质情况沉实，沙质土的沉实时间为1天左右，壤土一般要沉实2~3天，黏土沉实4天左右后插秧。若整地沉淀达不到要求，栽插后泥浆沉积将造成秧苗过深，影响分蘖，甚至减产。

三、插秧机分类

（一）按操作方式分类

按操作方式分类，插秧机可分为步行式与乘坐式两大类。在乘坐式插秧机中，根据栽插机构的不同形式，按照插秧作业效率可将插秧机分为普通型与高速型。

（二）按栽插机构分类

按栽插机构分类，插秧机可分为曲柄连杆式与双排回转式两类。

曲柄连杆式栽插机构的转速受惯性力的约束，一般的最高插秧频率限制在300次/min左右。双排回转式运动，运动较平稳，插秧频率可以提高到600次/min，但在实际生产中，由于其他因素的影响，生产率只比普通乘坐式高出0.5倍左右。曲柄连杆式被用于手扶式及普通乘坐式上，高速插秧机均采用双排回转式插秧机构。

曲柄连杆式的插秧机按插秧机前进方向分为正向与反向两类。正向机的插植臂运动方向与机器前进方向相同，反向机则相反。普通乘坐式插秧机均为正向机构，步行机一般为反向机构。在所设计的株距状况下作业，秧苗的直立度较好，当株距进一步加大时，反向机由于插孔的加大，直立度及稳定性会受到影响，正向机的影响较小。对于栽插过高的秧苗，反向机的秧爪完成插秧动作后离开已插的秧苗，正向机的秧爪则涉及秧苗的顶尖部，以致影响直立度。

插秧机所插秧苗高度的限制，决定于秧门与秧爪尖运动轨迹最低点的距离，一般情况下均小于25cm，对于正向运动轨迹而言，由于插后这个距离拉长，稍高些秧苗也能栽插，而反向轨迹对苗高的适应范围相对较小。

双排回转式插秧机构的轨迹与正向曲柄连杆机构相似。

（三）按插秧机栽插行数分类

按插秧机栽插行数分类，可分为步行式的2行、4行、6行，乘坐式有4行、5行、6行、8行、10行等品种。

（四）按栽植秧苗分类

按栽植秧苗分类，可分为毯状苗及钵体苗两种。由于钵体苗插秧机结构较复杂，需专用秧盘，使用费用高，一般均使用毯状苗插秧机。

四、利用机械插秧的优点

实现农业机械化是我国农业现代化的重要内容，只有逐步通过机械化生产，才能不断提高农业现代化水平。近几年来，随着市场经济的发展，农村经济条件逐步改善，大批农业劳力向非农产业转移，为发展机械化创造了条件。其中，水稻生产机械化作为农业机械化的重要内容之一，在经济比较发达的地区正在稳步发展，其优势可概括为“五个有利于”：

（1）有利于节省用工，减轻劳动强度，加快务农劳动力的转移，促进农村市场经济的发展。发展机插秧一般要比人工插秧每667m^{2}节省一个工，大大缓和了夏收夏种期间劳力紧张的矛盾，尤其是一些农业大户，过去往往由于人工栽秧花工多，不是粗放栽插，就是高价雇工移栽，增加了成本。实行机插秧后，这种困难就可迎刃而解。

（2）有利于稻麦双增产。机插秧的单产与手栽秧持平略增，同时，由于机插秧利用小苗育秧、秧田面积可比手栽秧的秧田减少5~6倍，节省下来的秧田可多种麦子或油菜。

（3）有利于减轻劳动强度，大大提高劳动生产率。机插秧不用手拨秧，只要机手开机，添秧手坐着添秧，作业量远较手插秧减轻。

（4）有利于发展专业化服务。插秧机栽插面积大，不仅可以为农户提供栽插服务，而且利用小苗机插，相对集中育秧，便于管理。因此，发展机插秧可以促进服务型适度规模经营的发展。

（5）有利于加速实现水稻全程机械化。多年来，水稻生产的机械化有了很大发展，但机械作业上最薄弱的是插秧，如果能够加速发展机插秧，则水稻生产的全程机械化就指日可待。

五、插秧机的农艺技术要求

根据插秧机操作规程，每次作业前要认真检查机器，确认机器各部正常方可投入作业。插秧机陆地运输速度为7~10km/h。从田埂进入地块时，机体要向前倾斜，应防止发动机栽入泥中，有液压装置的机器应将机体升至最大高度。插秧机进入开始位置后，将发动机熄火并开始上秧，带好备用秧。将插秧机主离合器和插秧离合器置于入的位置，并渐渐加大油门，使插秧机以2~5km/h的移动速度前进并插秧。插秧机前进2~3m后，把插秧机停下并熄火，检查取秧量及插深是否合适，不合适时，按随机说明书进行调整，调整合适后重新进行插秧作业。

机插秧的农艺要求是必须保证一定的插秧质量，每穴苗数均匀，北方稻区常规稻4~8苗，杂交稻1~2苗，同时尽量减少勾秧、伤秧、漏秧和漂秧，在合适的插秧工作条件下，均匀度合格率应在70%以上，漏插率在2%以下，勾伤率在1.5%以下。

插秧机既要保持一定的行、株距，又要能依照各地要求进行调节。密植地区行、株距取 22.1cm × 9.9cm（7 寸 × 3 寸）或 19.8cm × 13.2cm（6 寸 × 4 寸），北方地区如东北由于采用旱育稀植一般可取 25.4cm × 10cm（8 寸 × 3 寸）或 30cm × 13.3cm（9 寸 × 4 寸）。

插秧深度要合适，深浅一致。北方一般以 2 ~ 3cm 为宜。

六、机插前的准备工作

机插前的准备工作十分重要，是保证机插顺利进行的前提，一般要做好以下 7 项准备工作：一是培训操作手和添秧手，使他们熟悉机具性能，熟悉田间操作，掌握机插的技术要求，能发现和排除常规故障；二是做好插秧机的安装、调试、检查和试车工作。新购置的插秧机在开箱后检查各部件及零配件是否安全，旧机具清除灰尘、油污和异物，然后进行装配，并对万向节、传动系、离合器、取秧量、分离针与秧门侧间隙、插秧深度、送秧器行程和秧箱进行调整，使其符合技术要求。在此基础上，对整机进行全面检查，各运动部件是否转动灵活，有无碰撞、卡滞现象，所有紧固件是否拧紧，有无松动脱落，所有需要加油润滑的地方是否注油。在确认没有故障的情况下，才能进行试车。先用手摇发动机，慢慢转动，如运转正常，无碰撞和异声，再加柴油启动试车；三是备足插秧机易损易坏的零配件，如分离针、摆杆、推秧器焊合、插垫、连杆轴、链箱盖、栽植臂、秧门护苗板、挡泥油封、骨架油封、送秧齿轮等；四是制定好机插作业计划和插秧机作业路线；五是配足劳力，划分好作业组，制定好单机承包责任制，操作人员岗位责任制；六是稻收后，抢早耕翻、耙田、整平机插大田；七是加强秧田管理，育成符合机插要求的壮秧。

七、插秧机的典型结构

插秧机的型号众多，插植基本原理是以土块为秧苗的载体，通过从秧箱内分取土块、下移、插植 3 个阶段完成插植动作。液压仿形基本原理是保持浮板的一定压力不受行走装置的影响。

（一）插植

1. 分切

土块由横向与纵向送秧机构把规格（宽×长×厚）为 28mm×58mm×2mm 的秧块不断地送给秧爪切取成所需的小秧块，采用左右、前后交替顺序取秧的原则。小秧块的横向尺寸是由横向送秧机构所决定，该机构由具有左旋与右旋的移箱凸轮轴与滑套组成；凸轮轴旋转，滑套带动秧苗箱左右移动，由凸轮轴与秧爪运动的速比决定横向切块的尺寸，一般为 3 个挡位。

例如，东洋 PF455S 机型所标识的“20”、“24”、“26”是指一个横向总行程 28cm 内秧爪切取的块数，其横向尺寸即为 14cm，11. 7cm，10. 8cm。也有插秧机采用油压无级变速装置，横向尺寸调整的余地更大。秧箱的横向一般为匀速运动，也有的机器为非均匀运动，在秧爪取秧瞬间减速，以减少伤秧。小秧块的纵向尺寸是由纵向送秧机构完成的。纵向送秧的执行器有星轮与皮带两种形式，步行插秧机上这两种形式均有，乘坐式的多数采用皮带形式。皮带式是采用秧块整体托送原理，送秧有效程度较高。纵向送秧机构要求定时、定量送秧。定时就是前排秧苗取完后，整体秧苗在秧箱移到两端时完成送秧动作。

定量送秧是指秧爪纵向切取量应与纵向送秧量相等。高速插秧机上纵向送秧与取秧有联动机构，一个手柄动作即完成两项任务，步行机有的需作两次调节才能等量。

2. 下移

秧爪与导轨的缺口（秧门）形成切割副，切取小秧块后，秧块被秧爪与推秧器形成的楔卡住往土中运送。

3. 插植

秧爪下插至土中后，推秧器把小秧块弹出入土，秧爪出土后，推秧器提出回位。

（二）液压仿形

插秧机的浮板是插秧深度的基准，保持较稳定的接地压力就能保持稳定一致的插深，高性能插秧机均是通过中间浮板前端的感知装置控制液压泵的阀体，由油缸执行升降动作。

当水田底层前后不平时，通过液压仿形系统完成升降动作；当左右不平时，通过左右轮的机械调节或液压的调节来维持插植部水平状态。高速插秧机插植部通过弹簧或液压来维持插植部的水平，使左右插深一致。

八、水稻插秧机的操作

（一）操作手柄的使用方法

1. 油门手柄

将油门手柄往里旋转，发动机转数变高，相反则变低。

2. 变速杆

变速杆位于前方挡位板上，设有行驶、插秧、中立、倒退四个位置。杆位置从右到左按行驶、插秧、中立、倒退顺序排列。

注意：操作变速杆时，须在发动机低速并在主离合器“断开”状态下进行。倒退时，须注意机身后部，并应通过油压操作手柄将机体提升，此时注意不让把手上翘。

3. 油压操作手柄

它是通过油压操作机体上升、固定、下降的操作手柄。手柄拨到“上升”位置时，机体则上升，“固定”位置时机体在任意位置上固定，“下降”位置时，机体则下降。

4. 节气门手柄

设置在操作面板的黑手柄在启动发动机时用，在热机状态下，将黑手柄推到最大位置；在冷机状态下，将节气门手柄拉到最大位置，发动机启动后，将节气门手柄慢慢地推到底。

5. 主离合器手柄

它是连接或断开从发动机到各部分动力的操作杆。拨到上部时，连接从发动机到各部分的动力，相反则断开动力。液压泵动力直接连发动机，与主离合器无关。

注意：连接主离合器时，将发动机变低速。“断开”位置时，机体自动不上升，在此状态下补给秧苗。

6. 发动机开关

发动机启动时将开关（图 5 - 4）拨到“启动（ON)”位置，停止时拨到“停止（OFF)”位置，照明时拨到“灯（LAMP)”位置。

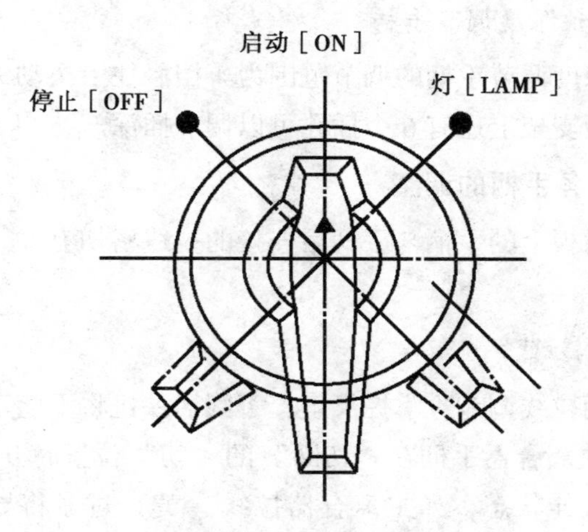

图 5 - 4　发动机开关

7. 插秧离合器手柄

它是操纵插植臂的转动和停止的操作手柄。将此操作手柄拨到“连接”位置时，插秧开始；拨到“断开”位置时，插秧停止。

8. 株距调节手柄

它是调节株距（每 3.3m^2 的株数）的操作杆，通过推或拉可以调节选择 3 挡株距。

注意：株距调节手柄的操作是在插植臂低速运行下进行的。

9. 反冲式启动手柄

反冲式启动手柄设置在手把附近，容易操作。

10. 转向离合器手柄

转向离合器手柄用于分别切断左右侧驱动轴动力，而改变转向的操作手柄。

11. 插秧深度调节手柄

插秧深度调节手柄的调节范围为 4 挡。往上拨动为浅，相反则深。浮板支架上还有 6 个插孔可以调节插深。

（二）各手柄的调整

操作面板上的手柄与手柄后连接的拉线密切有关。操作面板及拉线位置。

1. 手柄拉线

各手柄拉线调节应掌握尺度，否则插秧机将不能正常工作。

（1）主离合器手柄在“切断”的“切”位置时开始起作用，此位置为最佳状态，如主离合器拉线（黄）过紧将导致主离合器皮带磨损过快，降低其使用寿命；如过松则导致皮带打滑，行走无力。

（2）插植离合器手柄也应在“切”的位置时开始工作。如插植离合器拉线（绿）过紧则会导致插植部不能正常分离；过松则不能正常结合。

（3）液压手柄应在“上”的位置上起作用。液压钢丝（蓝）调整时有3个位置，液压泵阀臂应紧靠在“上升”的位置，即后边为10mm凸台；手柄在“固定”位置时，液压泵阀臂对应在两个10mm凸台中间位置；在“下降”位置时，液压泵阀臂对应在“下降”位置，即紧靠前边10mm凸台。通常以“上升”“下降”位置作为调整标准。

如拉线过紧则导致下降缓慢且停机后有时会自动下降；如拉线过松则导致难以上升或上升缓慢且机身自动下降。

2. 液压控制制动钢丝

液压控制制动钢丝（红）作用是：在主离合器正常工作时，调节自动仿行油压的灵敏度，此调节与液压钢丝调节相类似，是在液压钢丝调整正确的前提下，调节此钢丝，调节步骤与标准如下：将主离合器放在“连接”位置上；将中浮板前端向上抬，此时机身应能上升，阀臂应处于“上升”位置；将中浮板放下，机身应下降且阀臂处于“下降”位置。

3. 互锁钢丝

互锁钢丝是保证机器在行走挡位时无法插秧，以保证机器的使用寿命。调整标准为：插秧变速杆在“行走”挡位高速行驶时，将插植离合器手柄连接，此时若变速杆自动跳到“插秧”挡则为正常。

4. 启动开关

启动开关从左至右顺时针反向，3个挡位分别是“停机（OFF）”、“启动（ON）”、“灯（LAMP）”，拨到“启动”时，拉动反冲启动机器，机器可正常启动；拨到“灯”时，机器前灯打开；拨到“停机”时，发动机熄火。

5. 风门手柄

风门手柄全拉开时，风门关闭；风门手柄推到底，风门全开。

6. 转向离合器手柄

转向离合器手柄间隙标准为0～1mm，手柄起作用的握力在1.8kg以内，调整螺丝在拉线中端。在操作中，左右转向离合器拉线调节的松紧程度应保证分离清晰，转向灵活，接合到位。

7. 株距调节手柄

在齿轮箱右侧（面向前进方向）株距变速挡共3挡，从内向外分别是70、80、90，对应的株距分别为14.7cm，13.1cm、11.7cm，每亩基本穴数分别为14 000穴、16 000穴、18 000穴。

调节方法：变速杆在“中立”位置，插植臂慢速运转；推或拉株距手柄，调节到所要位置（在正确挡位上时有“咔嗒”声，而手柄调节处在中间位置时，尽管发动机正常工作，插植离合器在“连接”位置时，插植臂也无法动作）；加大油门，使插植臂高速运转，确认株距手柄无掉挡现象。

九、插秧作业方法

（一）操作顺序

（1）发动机启动。检查是否加汽油、发动机机油。燃油旋阀是否在“ON”位置上，节气门是否拉在最大位置上，油门手柄是否在1/2位置上。拉反冲式启动器，启动后，将节气门手柄推回原位置。

（2）插秧机驶入稻田。把液压操作手柄往下拨，使机体上升。将变速杆拨到“插秧”位置上，合上主离合器驶进稻田。

（二）补给秧苗

（1）苗箱延伸板。补给秧苗时，秧苗超出苗箱的情况下拉出苗箱延伸板，防止秧苗往后弯曲的现象出现。

（2）取苗方法。取苗时，把苗盘一侧苗提起，同时插入取苗板。

在秧箱上没有秧苗时，务必将苗箱移到左或者右侧，再补给秧苗。

秧苗不到秧苗补给位置线之前，就应给予补给。若在超过补给位置时补给，会减少穴株数。补给秧苗时，注意剩余苗与补给苗面对齐，且不必把苗箱左右侧移动。

（3）划印器的使用方法。为了保持插秧直线度而使用划印器。其使用方法是，检查插秧离合器手柄和液压操作手柄是否分别在“连接”和“下降”位置上。摆动下次插秧一侧的划印器杆，使划印器伸开，在表土上边划印边插秧。划印器所划出的线是下次插秧一侧的机体中心，转行插秧时中间标杆对准划印器划出的线。

（4）侧对行器的使用方法。为保持均匀的行距而使用侧对行器，插秧时把侧浮板前上方的侧对行器对准已插好秧的秧苗行，并调整好行距。

（5）田埂周围插秧方法。图 5－5 所示是田埂周围插秧的两种方案：一是插秧时首先在田埂周围留有 4 行宽的余地，按第 1 方案的路线进行插秧作业；二是第一行直接靠田埂插秧，其他三边田埂留有 4 行、8 行宽的余地，按第 2 方案路线作业。

（6）插秧作业前应确认的事项。一是弄清稻田形状，确定插秧方向。二是最初 4 行是插下一行的基准，应特别注意操作，确保插秧直线性。三是插秧作业开始前，应进行下列事项的检查：变速杆是否拨到“插秧”速度挡位上；株距手柄是否挂上

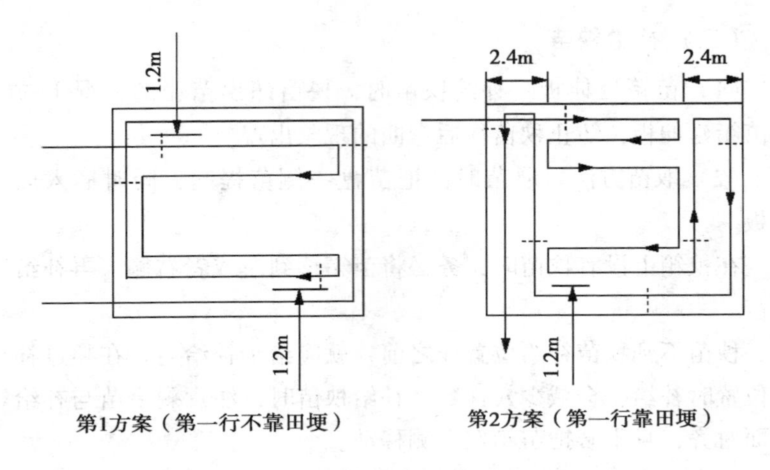

图 5－5　田埂周围插秧方法示意图

挡；液压操作手柄是否拨到“下降”位置上；插秧离合手柄是否拨到“连接”位置上；摆动要插秧一侧的划印器，使划印器伸开；主离合器手柄拨到“连接”位置上，将油门手柄慢慢地向内侧摆动，插秧机边插秧边前进。

安全离合器是防止插植臂过载的保护装置。若插植臂停止并发出“咔”、“咔”的声音，说明安全离合器在动作。这时应采取如下措施：迅速切断主离合器手柄；然后熄灭发动机；检查取苗口与秧针间、插植臂与浮板间是否夹着石子，如有要及时清除；若秧针变形，应检查或更换。通过拉动反冲式启动器，确认秧针是否旋转自如，清除苗箱横向移动处未插下的秧苗后再启动。

（7）转向换行。当插秧机在田块中每次直行一行插秧作业结束后，按以下要领转向换行：一是将插秧离合器拨到“断开”位置，降低发动机转速，将液压操作手柄拨到“上升”位置使机体提升；二是将手柄往上稍稍抬起（因液压动作开始，机体稍微往上升高），在这种状态下旋转一侧离合器同时扭动机体，注意使浮板不压表土而轻轻旋转。旋转不要忘记及时折回、伸开划印器。

（三）插秧深度

插秧深度调节通常是用插秧深度调节手柄来调整的，共有4个挡位，其中“1”为最浅位置，“4”为最深位置。当这4个挡位还不能达到插深要求时，在下面3块浮板上，还设有六孔的浮板安装架，通过插销的连接来改变插深，需要注意3块板上的插销插孔要一致。插秧深度是指小秧块的上表面到田表面的距离，如果小秧块的上表面高于土面，插秧深度表示为“0”，标准的插秧深度为0.5～1cm。插秧深度以所插秧苗在不倒不浮的前提下越浅越好。

十、水稻插秧机的维护保养

插秧机正常的维护保养是保证插秧机能正常工作，延长插秧机使用寿命，如期完成插秧工作的基础保障。

（一）插秧机当天作业后的保养

（1）作业后，应用水冲洗，车轮等转动部件如有杂物应予以清除，而后将水分擦干，容易生锈的地方涂上油。

（2）及时进行各部位的检查，发现问题立即解决。

（3）加注或补充燃油和润滑油。

（二）插秧机长期不用时保管保养

插秧机长期不用时应进行详细的机械检查。

（1）发动机在中速运转状态下，用水清洗，应完全清除污物。清洗后不要立即停止运转，而要继续转2～3min（这时注意以免水进入空气滤清器内）。

（2）各注油处充分注油。

（3）各指定机油更换处更换新机油；发动机新机油的更换在热机运转结束后进行为好。

（4）应完全放出燃油箱及汽化器内的汽油。

（5）为了防止气缸内壁和气门生锈，往火花塞孔灌入新机油20毫升左右后，将启动器拉动10转左右。

（6）缓慢地拉动反冲式启动器，并在有压缩感觉位置停止下来。

（7）需对插植部件抹油，以免生锈。

（8）为了延长插植臂的压出弹簧的寿命，插植叉应放在最下面位置（压出苗的状态）时保管。

（9）主离合器手柄和插植臂离合器手柄为“断开”、液压手柄为“下降”、燃油旋塞为“OFF”状态下保管。

（10）由于齿轮箱油是兼用于液压工作油，所以保管时，特别注意防止灰尘等混入。

（11）清洗干净插秧机后罩上遮布，应存放在灰尘、潮气少，无直射阳光的场所。防止与肥料等物接触。

（12）确认零配件和工具后，与插秧机一起保管。

十一、水稻插秧机常见故障及排除

（一）发动机故障

PF455S型插秧机用的四冲程汽油发动机。它是整个插秧机的心脏。其主要故障表现如下。

1. 发动机启动后熄火

（1）故障现象

发动机曲轴箱子发出“咔、咔”声响，发动机启动时阻力大，启动后不久即熄火。

（2）故障判断

连杆溅油匙折断，连杆大端磨损。

（3）故障原因

①连杆溅油匙材质不好，强度不够。

②连杆轴瓦装配不好；或由于溅油匙折断，造成润滑不足造成的。连杆溅油匙是发动机曲轴箱内连接在活塞连杆上的像勺匙一样的金属片。它随着连杆的运动而不停的搅动曲轴箱内的机油，使机油分布到曲轴箱各个部位，润滑运动组件。连杆溅油匙折断后，造成曲轴箱各个部件工作不良，阻力加大，连杆轴瓦磨损，最后造成发动机熄火。

（4）解决方法

拆下发动机，放出发动机曲轴箱内的机油。打开曲轴箱盖，更换连杆溅油匙，如连杆轴瓦磨损严重也要更换。

2. 发动机启动困难

（1）故障现象。发动机启动困难、转速提高不了、排浓烟以及无怠速。

（2）故障判断。汽化器堵塞、怠速孔未调好。

（3）故障原因

①汽油不干净。

②汽化器调整不到位。

③汽化器清洗不干净。

④插秧机长期不工作时，汽油没有放净。

汽化器是发动机一个关键部件，它将燃油和空气混合形成可燃混合气，提供给燃烧室燃烧。汽油是通过针阀进入浮子室，再由喷油管喷到混合室。因汽化器中油路很细，极易造成堵塞，尤其是喷油管。

（4）解决办法：松开风门、油门拉线，拆下汽化器；卸下浮子室、浮阀；清理喷油管及各油孔、油路。如无怠速，则调整怠速螺丝，将其拧紧再回 1/2 圈。

3. 发动机不熄火，大灯不亮

（1）故障现象。当插秧机在田间作业结束后，或其他原因需发动机熄火，当拨动点火开关至停止位置时，发动机不熄火，再将点火开关拨至大灯位置时，大灯不亮。

（2）故障分析。首先分析一下发动机是如何点火、熄火的：当点火开关拨至运转位置时，拉动启动器，磁电机产生电流通过点火开关送到火花塞，产生电火花，发动机启动；当点火开关拨至停止位置时，磁电机产生的电流通过点火开关传到搭铁线接地，这时，无电流到火花塞，发动机熄火。发生上述故障的主要原因是发动机缸头上的固定搭铁线的螺丝因颠簸或其他原因掉了，导致发动机熄不了火，并且造成断路，大灯不亮。

（3）解决方法。用固定螺丝固定搭铁线。

（二）插秧机原地兜圈，不行走

1. 故障现象

一用户在插秧时遇到插秧机一侧轮子转，另一侧轮子不转，插秧机不前进，在原地兜圈。

2. 故障分析

首先分析可能是左右离合器有一个坏了，经检查，离合器工作正常。再经过仔细反复检查，原来是将轮子固定在驱动轴上的两个固定销子全掉了，原因可能是扭力过大，使销子折断，或可能是固定销子的开口销掉了，从而使销子滑落。

3. 解决方法

用工作包内备用销子固定。

（三）插秧机启动后，插植部不工作

1. 故障现象

启动插秧机，连接上所有手柄，准备插秧时，插植部不工作。

2. 故障分析

（1）插植离合器拉线调整不当。

（2）插植离合器凸轮，因毛刺被卡住。

（3）穴距调节手柄未挂上挡。

3. 解决方法

（1）按要求调整插植离合器拉线。

（2）修去插植输入轴上键槽内的毛刺。

（3）将株距调节手柄挂上挡，必要时，调紧变速箱体上方的拨叉限位螺钉，以免工作中因振动滑挡。

在插秧机出现的故障问题中，经常有一些故障乍看上去挺棘手的，但只需搞清它的工作原理，进行相关的调整即可解决。

第六章　农机合作社经营与管理

第一节　农机合作社创建、经营与管理

长期以来，由于农户的分散型经营，小四轮拖拉机等小型农机具成为农业生产的主要动力，其负面效应也日渐显现出来，诸如深松、深翻、旋耕等许多机械作业小型农机具都无法完成，造成土壤严重板结，粮食增产潜力下降，农机发展水平徘徊在一种低水平重复建设的状态下，作业成本高，资源浪费严重。面对着缺少大型农机具这一现状，一家一户分散经营的农户因受作业规模、资金承受能力等方面的影响，有心购买大型农机具却又无能为力。发展“大农机”与“小户分散经营”的矛盾长期困扰着该村耕作制度的改革，成为阻碍推进农业生产力发展的制约“瓶颈”。

一、成立发展过程

为了提高农业机械化发展水平，探索市场经济条件下发展农业生产全程机械化的新路子，合作社组建形式是采取股份合作制，即农户按照“谁入股谁受益、风险共担、利益共享”的原则，以承包的耕地作为入股资产，自愿入股，年底按股分红。合作社在启动之初，为调动农户入社的积极性，消除后顾之忧，合作社以每年每公顷耕地不低于4 000元的价格租种入股农户的耕地。

二、经营管理模式

任何一种类型的农民专业合作组织若要获得持久发展，必须选择一条科学的经营模式和运行机制。经营管理模式归纳起来主

要有3个特点。

（一）实行股份合作制，实现农民自主管理

合作社采取社员以承包的耕地自愿入股的合作方式，实行股份合作制。由社员投票选举产生董事、理事和监事，组成董事会、理事会和监事会，并选举产生理事长，制定出《则字村农机合作社章程》。通过股份合作制这一有效形式，把合作社的兴衰与社员利益挂钩，形成风险共担、利益共享机制。社员通过董事会、理事会和监事会参与农机合作社的日常管理，合作社重大事项的决策权交社员大会集中投票表决，实现了社员的自主管理，切实保障了入股社员的权益。

（二）创新经营模式，规范收益分配机制

具体包括3个方面创新。

第一，土地经营由社员共同耕作转为发包经营。合作社将社员入股的500hm^2耕地转包给6户种植大户经营，承包经营大户除每公顷向合作社交纳4 000元租金和280元机耕费以外，还要承担种子、肥料、耗油、灌溉及雇用人工费用，社员不再直接参与种植决策和具体生产过程。

第二，内部管理由共同管理转为薪酬制管理。合作社在制定完善章程的基础上，根据规范发展需要，详细制定了合作社用工方案、农机具管理、驾驶员聘用、水电管理、油料管理、财务管理、院内管理、护青、收益分配等一系列严密的管理制度。这些制度使合作社做到了3个分开。一是入股社员与合作社的直接经营管理分开，重大问题召开社员大会决定，不参与正常经营管理。二是入股社员与合作社出勤人员分开，即入股不一定在合作社参加作业。三是社员入股分成与合作社人员报酬分开。参加合作社管理作业人员，按岗位、工时、绩效确定报酬，全部体现“多劳多得”的原则，包括理事长在内的所有人员没有固定工

资，全部挣效益工资。合作社常年聘用的驾驶员依照机械作业种类不同，按作业量、工作完成质量的多少发工资；其他临时用工随用随雇，也全部实行计件工资。这样在体制上实现了合作社的完全民营化，经营独立，确保了绩效至上，避免了在新的体制中再存在“大锅饭、大帮哄”的现象，确保了合作社发展的内在动力。

第三，收益分配由单一股金收入转为股金 + 分红 + 工资。合作社对每年的种植业收入按 6：2：2 的比例进行分配，其中承包经营户占60%，入股社员分红和合作社积累各占20%。按照这种分配方式，社员除每公顷有最低 4 000元的收入外，还享受20%的股金分红，同时在合作社内打工还有工资性收入。这种收益分配方式把承包经营户、社员和合作社三方的利益紧密地联结在一起，成为利益共同体。

（三）发挥机械化作业优势，实现土地集中规模经营

这是发展农机合作社、实现农机化的根本意义。则字村农机合作社将社员入股耕地全部实行统一耕种、全部实现机械化，最大限度地减少人工。合作社利用大型农机具做到春季统一整地、深施基肥、机械精量平播、机械起垄、喷灌浇水、机械中耕、机械药剂除草、机械追肥、机械收获、机械脱粒、统一出售，将机械化作业渗透到粮食生产的每一个环节，真正发挥大型农业机械作业的优势。

第二节　农机作业经济核算

一、收入

收入是指农民专业合作社为成员提供农业生产资料的购买，农产品的销售、加工、运输、贮藏以及与农业生产经营有关的技术、信息等服务取得的收入，以及销售专业合作社自己生产的产品、对非成员提供劳务等取得的收入。包括销售产品物资收入、劳务收入、租金收入、代购代销收入、服务收入、利息收入等。收入的实现是农民专业合作社盈余实现的前提和基础，也是农民专业合作社经济活动的重要环节。农民专业合作社的收入分为经营收入和其他收入。

农民专业合作社应设置“经营收入”科目，核算农民专业合作社销售产品、提供劳务，以及为成员代购代销、向成员提供技术、信息服务等活动取得的收入。该科目属于损益类科目，贷方登记农民专业合作社因销售产品、提供劳务，以及为成员代购代销、向成员提供技术、信息服务等活动取得的收入，借方登记期末转入“本年盈余”的数额，结转后本科目应无期末余额。为反映农民专业合作社取得经营收入的详细情况，农民专业合作社应按经营项目设置明细科目，进行明细分类核算。

农民专业合作社一般应于产品物资已经发出，服务已经提供，同时收讫价款或取得收取价款的凭据时，确认经营收入的实现。农民专业合作社实现经营收入时，应按实际收到或应收的价款，借记“库存现金”、“银行存款”、“应收款”、“成员往来”等科目，贷记“经营收入”科目。

【例6－1】农机专业合作社与油菜产销专业合作社签订机耕服务协议，服务费用总额20 000元。农机专业合作社劳务成本12 000元。油菜产销专业合作社在机耕完毕后，已将约定服务费用全额划入农机专业合作社账户。会计处理如下。

（1）确认机耕劳务服务收入时，编制收款凭证，会计分录为：

借：银行存款 20 000

　　贷：经营收入——农机服务 20 000

出纳人员根据收款凭证登记“银行存款日记账”。会计人员根据收款凭证登记“银行存款”、“经营收入”总账，根据收款凭证及原始凭证登记“经营收入”明细账。

（2）结转服务成本时，编制转账凭证，会计分录为：

借：经营支出——农机服务 12 000

　贷：生产成本——农机服务 12 000

会计人员根据转账凭证登记“经营支出”、“生产成本”总账，根据转账凭证及原始凭证登记“经营支出”、“生产成本”明细账。

二、生产成本的核算

农民专业合作社虽然是不以盈利为目的的组织，但要使农民专业合作社健康持久的发展，也必须进行成本核算，加强成本管理。只有精打细算才能使农民专业合作社在服务社员的同时，也获得较好的收益。农民专业合作社的生产成本是指农民专业合作社直接组织生产或对非成员提供劳务等活动所发生的各项生产费用和劳务成本。直接组织生产要进行成本计算，对非成员提供劳务更要进行成本计算。

农民专业合作社应设置“生产成本”科目，核算农民专业合作社直接组织生产或提供劳务服务所发生的各项生产费用和劳务服务成本。“生产成本”属于成本类科目，借方登记农民专业合作社直接组织生产或提供劳务服务所发生的各项生产费用和劳务服务成本，贷方登记结转生产完工验收人库产成品的成本及转出的劳务服务成本，期末借方余额，反映农民专业合作社尚未生产完成的各项在产品的成本和尚未完成的劳务服务成本。为反映农民专业合作社生产成本发生和结转的详细情况，农民专业合作社应按生产费用和劳务服务成本种类设置明细科目，进行明细核算。

农民专业合作社发生各项生产费用和劳务服务成本时，应按成本核算对象和成本项目分别归集，借记“生产成本”科目，贷记“库存现金”、“银行存款”、“产品物资”、“应付工资”、“成员往来”、“应付款”等科目。

【例6－2】某农机合作社生产小麦领用农机具，价值4 000元。编制转账凭证，会计分录为：

借：生产成本——小麦4 000

　　贷：产品物资——农机具4 000

会计人员根据转账凭证登记“生产成本”、“产品物资”总账，根据转账凭证及原始凭证登记“生产成本”、“产品物资”明细账。

三、本年盈余

农民专业合作社经营所产生的剩余，称为盈余。农民专业合作社盈余一般按会计年度结算。本年盈余按照下列公式计算：

本年盈余＝经营收益＋其他收入－其他支出，其中，经营收益＝经营收入＋投资收益－经营支出－管理费用

投资收益是指投资所取得的收益扣除发生的投资损失后的数额。

投资收益包括对外投资分得的利润、现金股利和债券利息，以及投资到期收回或者中途转让取得款项高于账面余额的差额等。投资损失包括投资到期收回或者中途转让取得款项低于账面余额的差额。

农民专业合作社在进行年终盈余分配工作以前，要准确地核算全年的收入和支出；清理财产和债权、债务，真实完整地登记成员个人账户。

四、盈余分配

农民专业合作社的盈余分配，就是把当年已经确定的盈余数额加上以前年度的未分配盈余按照一定的标准进行合理分配。盈余分配是农民专业合作社财务管理和会计核算的重要环节，关系到国家、集体、农民专业合作社成员及所有者等各方面的利益，具有很强的政策性。因此，农民专业合作社必须按规定的程序和要求，搞好盈余分配工作。农民专业合作社在进行盈余分配前，

首先应编制盈余分配方案，盈余分配方案应详细规定各分配项目及其分配比例。盈余分配方案必须经农民专业合作社成员大会或成员代表大会讨论通过后执行，必须充分听取群众的意见。其次应做好分配前的各项准备工作，清理有关财产，结清有关账目，以保证分配及时兑现，确保分配工作的顺利完成。

农民专业合作社的可分配盈余，应按照下列程序进行分配。

（1）弥补以前年度亏损，即弥补以前年度发生的亏损额。

（2）提取盈余公积，即从当年实现的盈余中按一定比例提取盈余公积，用于扩大农民专业合作社的生产、转增股金，或者用于弥补亏损。

（3）提取应付盈余返还。盈余返还部分是农民专业合作社在弥补亏损、提取盈余公积后可供当年成员分配的盈余。应付盈余返还应按成员与本合作社交易量（额）比例返还，盈余返还的比例不得低于可分配盈余的60%。

（4）提取剩余盈余返还。农民专业合作社可分配盈余扣除上述各项分配后的盈余，应按成员出资额、公积金份额、形成财产的财政补助资金量化份额、接受捐赠财产量化份额的合计数，按比例计算应分配给农民专业合作社各成员应享有的剩余盈余返还金额。

第三节　农机电子商务

作为“互联网+农业”的核心内容之一，农机电商市场正在蓬勃兴起，农机产品以及基于农机产品关联性服务成为互联网+农业工作重点之一，“互联网+农业”与农机电商平台蕴含巨大商机，具备广阔发展前景。

互联网+的出现必将出现很多新思路和新玩法，也将有大量互联网、信息化以及其他行业的企业跨界而来，以原有农机企业为主体，以下几种新的农机经营特点出现，能够针对目前大多数农机企业现状，弥补短板，推进企业快速发展升级，更有借鉴意义。

一、“互联网＋农机”电子商务的新特点

（一）互联网技术下的农机装备个性化需求旺盛。

互联网的出现可让农民可以在任意的时间、任意的地点通过电脑手机联接互联网，订购任意想要的农机装备及其附产品，并且享受产品附加服务，也就是O2O模式，线上订购与线下服务相结合，互联网信息的扁平化、透明化，正对应于传统农机装备及其关联性服务产品的产业链长，信息不对称的特点。传统的层级代理模式带来的成本高企、物流损失、交流信息不畅等问题，都可以通过互联网技术快速解决。中间会节省渠道费用降低物流成本。

（二）农机产品品牌化模式加速推进

淘宝出现之后，服装等早期触电品类快速涌现了一大批淘品牌，现在，农机装备及其关联性服务产品电商也进入快速发展期，世界知名农机品牌凯斯、菲亚特、约翰迪尔、小松、久保田等，以及东风、福田欧豹、福田雷沃、时风农机等自有民族品牌借助网络营销的力量，快速完成了传统农机装备及其关联性服务产品多年才能完成的口碑积累和宣传推广效果。但不可否认的是，由于我国传统的农机购置模式，农机品牌的电商之路才刚刚开始，以中国最大的电商平台阿里巴巴来说，入驻的农机品牌销售商仅有5 000多家，其农机产品销售量近年虽有提高，但相对于其他电商产品来说，增长速度相对迟缓。

由于农机装备及其关联性服务产品整体的品牌缺位，比其他品类具有更大的品牌打造空间，所以，未来品牌农机装备及其关联性服务产品电商将有更广阔的市场空间。同时，由于部分农机

装备多年累积下的口碑，部分农民对农机产品有着天然的品牌依赖性，甚至同一地区不同县市的农民认可品牌都不同，例如穆棱市农民比较认可约翰迪尔（原宁波牌拖拉机）这一品牌，而东宁县农民对东风系列农机产品更满意，所以在农机品牌打造上，各大农机装备及其关联性农机服务产品企业将在未来农机市场竞争中捉对厮杀，只能是狭路相逢勇者胜。

（三）多形式农机装备及其关联性服务产品交易电商平台

目前市场上农机电商阿里巴巴一枝独秀的地位。但销售额并不高，市场前景巨大，可是由于农机装备及其关联性服务产品暂时还无法避开的层级代理的销售特性，未来垂直电商、区域电商竞争者将不断涌现，才能最终形成盈利模式。

未来农机电商平台将出现四种。第一，依托互联网优势扩张到农机关联性服务产品领域的电商平台，如农机维修服务、农机新技术服务、农机配件服务、农机贷款服务等；第二，传统层级代理市场转型形成的农机电商平台，也就是品牌代理经销商直接转型电商，如穆棱市新宇农机公司，目前拥有穆棱市农机销售市场一半以上的份额，可以以较低的成本直接转型为O2O经营模式；第三，有实力的农机装备企业自主打造垂直农机电商平台，并逐步扩张品类，如我市规模较大的农机装备企业福麟农机、福瑞农机、兴扬农机，其中又以福麟农机最具发展潜力。第四，部分农户可以打造二手农机交易平台也就是C2C模式，目前我市二手农机交易方兴未艾，周边地区大型的二手农机交易市场只有宁安市一个，但通过互联网进行二手农机交易的还没有，具有一定的市场潜力。

目前，成熟盈利模式的农机电商平台很少，由于农机装备及其关联性服务产品的特殊性，很多农机电商平台在人才、管理、技术上都不成熟，农机相关企业贸然转型投资，风险较高。

农机和互联网融合，绝不是简单的加法，而是通过产业的融合和创新，以最新的互联网行业之长，补传统的农机装备及其关联性服务产品之短，甚至是创造全新的产业模式，农机企业家们要在充分了解自身实力的基础上，挖掘与互联网的最佳切入点，促使企业升级。

二、农机电子商务的运作

（一）网上调研

1. 通过电子邮件或来客登记簿询问访问者

互联网能在营销人员和顾客之间建立联系，起关键作用的是电子邮件和来客登记簿。营销人员通过电子邮件和来客登记簿能获得有关访问者的详细信息。如果有相当人数的访问者回应，营销人员就能统计分析出公司产品的销售情况。

2. 通过消费者邮编确定地区平均收入

营销状况在不同地区是有差别的，因此营销策略也应因地而异。营销人员应了解某一地区的平均收入情况，以便采取适当的营销策略。营销人员通过互联网确定访问者的邮编后，就能查询到访问者所在的地区，从而对该地区的平均收入情况作出估计。

3. 向访问者邮寄奖品或者免费商品

通过向消费者邮寄奖品或者免费商品，企业可以很容易地得知他们的姓名、住址和电子邮件地址。这种策略被证明是有效可行的，它能减少因访问者担心个人隐私被侵犯而发出不准确信息的数量，从而使营销人员提高调研的工作效率。

4. 通过访问者注册从而获得有关信息

如果用大量有价值的信息和免费使用软件来吸引访问者注册，他们可能会很愿意提供有关个人的详细情况信息。

5. 向访问者承诺物质奖励

互联网上有为数不多的站点能给访问者提供消费折扣，但这需要访问者填写一份包括个人习惯、兴趣、假期、特长、收入等个人情况的调查问卷。因为有物质奖励，许多访问者都会完成由这些站点提供的调查问卷。

6. 用软件来检测访问者是否完成了调查问卷

访问者经常会无意或者有意地遗漏掉一些信息。营销人员能通过一些软件程序来确定他们是否正确地填写了调查问卷。如果访问者遗漏了调查问卷中的一些内容，调查问卷会重新发送给访问者要求补填，如果访问者按要求完成了调查问卷，他们会在个人计算机上收到证实完成的通告窗口。

（二）网上产品

企业站点可以在不同的产品生命周期阶段策划相应的营销策略。在产品或服务的导入阶段，可以利用企业站点发现客户的需求，了解竞争对手，进行市场调查，发布新产品信息并利用客户反馈来完善产品和服务。在产品或服务的成长阶段，可利用企业站点与新闻媒体和客户等沟通信息，在市场上提高企业及产品形象。在产品或服务的成熟阶段，可以利用企业站点代替或部分代替传统的广告、印刷品等，提供产品的图文介绍，并可以直接进行网上订购交易，降低销售成本。很多企业利用“网上直销”、“网上商店/超市”、“网上拍卖”等方式取得成功。在产品或服务的衰退阶段，可以利用公司站点处理顾客的投诉、咨询和建议，降低与顾客沟通所需的成本，提高产品的服务水准，如利用电子邮件的自动回复系统提供24h信息服务。许多软件开发商把他们的网络站点用作供顾客投诉和提供有关产品建议的汇集点，这种做法为顾客与营销人员正面交流提供了渠道，可以快速地识别和解决普通纠纷。

（三）网上分销

网络营销主要是在渠道层面上进行决策。仅从销售渠道层次的角度来看，网络营销的渠道可能会简化为网络这个单一的层次，厂商会对可以直接进行网络销售的产品更有兴趣，而销售产品的范围将随促销技术手段的发展而不断拓宽。

企业要实行网络营销，可以建立“一个系统”和“四个网络”。“一个系统”是指订货系统，“四个网络”是指供货网络、生产网络、分销网络和服务网络。消费者通过订货系统向企业发出订单，然后企业由供货网络输入原材料，经过生产网络加工生产出产品，再由分销网络将产品送给消费者，对消费者进行售后服务由服务网络来解决。

（四）网上促销

在网络时代，由于消费者具有方便快捷地处理信息的能力和条件，促销的功能和传播方式将发生惊人的变化。因此，网络促销策略显得尤为突出、重要。其手段主要包括以下几个方面。

1. 网络广告

网络广告“互动式”的运作方式使其完全有别于报纸、杂志、电视这三类传统的广告媒体。它使传播者与接收者之间的关系发生了根本的转变，使原来压迫式的单向诉求变为双向互动式的信息交流。正是这个转变，缩短了生产者与消费者之间的距离，网络广告再也不是单向“强制”输送的形式，而是将商品的特点、性能、规格、技术指标、价格、售后服务和质量承诺等都尽量多地放在网络上，由消费者在自己愿意或需要时进行查询。消费者可以在信息网络中的有关商品专题的“主页”上，首先看到一个产品信息的广告界面和信息内容的简要索引，再据此来决定自己是否要再进一步了解该信息。广告信息将呈现立体化和多方位化形式，经过计算机多媒体技术的处理，变得丰富多彩、声情并茂、引人入胜。

2. 网络公关

进行网络公关必须根据各类公众对网络运用的特点，利用网络宣传企业，提供公众服务，建立和巩固客户关系，解决有争议的问题，消除不良影响，为网络营销创造良好的生存和发展环境。

3. 网络促销

传统营销中的大部分促销活动，例如，打折、优惠、推行会员制等，都可以用于网络营销。企业还可以向会员提供电子问卷，一方面增加商店的知名度，另一方面借客户填写会员资料建立起一个完整的消费者资料库。企业可随时向客户发送电子邮件，提供最新产品资讯和优惠、折扣信息以促进消费，或促使其再次光临，形成一批长期的忠实客户。

4. 与传统媒体相结合

不同的媒体有不同的特色及功能，网络营销不能完全取代传统的电视或平面媒体。真正成功的网络营销，是善于运用网络这个新媒体与传统媒体相结合，以产生惊人的效力。现在比较常见的办法是借助电视及其他媒体预先建立起品牌形象，当品牌形象一旦建立，消费者愿意主动了解这个产品的特色时，网络营销便可以利用其产品价格低廉、提供资料详尽等特点充分发挥功能。公司的网站和网络促销活动通常是先通过传统媒体告知具体活动，而其他信息需要消费者去网上寻觅。

附录　农业机械安全监督管理条例

中华人民共和国国务院令

第563号

《农业机械安全监督管理条例》已经2009年9月7日国务院第80次常务会议通过，现予公布，自2009年11月1日起施行。

总　理　温家宝

二〇〇九年九月十七日

第一章　总　则

第一条　为了加强农业机械安全监督管理，预防和减少农业机械事故，保障人民生命和财产安全，制定本条例。

第二条　在中华人民共和国境内从事农业机械的生产、销售、维修、使用操作以及安全监督管理等活动，应当遵守本条例。

本条例所称农业机械，是指用于农业生产及其产品初加工等相关农事活动的机械、设备。

第三条　农业机械安全监督管理应当遵循以人为本、预防事故、保障安全、促进发展的原则。

第四条　县级以上人民政府应当加强对农业机械安全监督管理工作的领导，完善农业机械安全监督管理体系，增加对农民购买农业机械的补贴，保障农业机械安全的财政投入，建立健全农业机械安全生产责任制。

第五条　国务院有关部门和地方各级人民政府、有关部门应当加强农业机械安全法律、法规、标准和知识的宣传教育。

农业生产经营组织、农业机械所有人应当对农业机械操作人员及相关人员进行农业机械安全使用教育，提高其安全意识。

第六条 国家鼓励和支持开发、生产、推广、应用先进适用、安全可靠、节能环保的农业机械，建立健全农业机械安全技术标准和安全操作规程。

第七条 国家鼓励农业机械操作人员、维修技术人员参加职业技能培训和依法成立安全互助组织，提高农业机械安全操作水平。

第八条 国家建立落后农业机械淘汰制度和危及人身财产安全的农业机械报废制度，并对淘汰和报废的农业机械依法实行回收。

第九条 国务院农业机械化主管部门、工业主管部门、质量监督部门和工商行政管理部门等有关部门依照本条例和国务院规定的职责，负责农业机械安全监督管理工作。

县级以上地方人民政府农业机械化主管部门、工业主管部门和县级以上地方质量监督部门、工商行政管理部门等有关部门按照各自职责，负责本行政区域的农业机械安全监督管理工作。

第二章 生产、销售和维修

第十条 国务院工业主管部门负责制定并组织实施农业机械工业产业政策和有关规划。

国务院标准化主管部门负责制定发布农业机械安全技术国家标准，并根据实际情况及时修订。农业机械安全技术标准是强制执行的标准。

第十一条 农业机械生产者应当依据农业机械工业产业政策和有关规划，按照农业机械安全技术标准组织生产，并建立健全质量保障控制体系。

对依法实行工业产品生产许可证管理的农业机械，其生产者应当取得相应资质，并按照许可的范围和条件组织生产。

第十二条　农业机械生产者应当按照农业机械安全技术标准对生产的农业机械进行检验；农业机械经检验合格并附具详尽的安全操作说明书和标注安全警示标志后，方可出厂销售；依法必须进行认证的农业机械，在出厂前应当标注认证标志。

上道路行驶的拖拉机，依法必须经过认证的，在出厂前应当标注认证标志，并符合机动车国家安全技术标准。

农业机械生产者应当建立产品出厂记录制度，如实记录农业机械的名称、规格、数量、生产日期、生产批号、检验合格证号、购货者名称及联系方式、销售日期等内容。出厂记录保存期限不得少于3年。

第十三条　进口的农业机械应当符合我国农业机械安全技术标准，并依法由出入境检验检疫机构检验合格。依法必须进行认证的农业机械，还应当由出入境检验检疫机构进行入境验证。

第十四条　农业机械销售者对购进的农业机械应当查验产品合格证明。对依法实行工业产品生产许可证管理、依法必须进行认证的农业机械，还应当验明相应的证明文件或者标志。

农业机械销售者应当建立销售记录制度，如实记录农业机械的名称、规格、生产批号、供货者名称及联系方式、销售流向等内容。销售记录保存期限不得少于3年。

农业机械销售者应当向购买者说明农业机械操作方法和安全注意事项，并依法开具销售发票。

第十五条　农业机械生产者、销售者应当建立健全农业机械销售服务体系，依法承担产品质量责任。

第十六条　农业机械生产者、销售者发现其生产、销售的农业机械存在设计、制造等缺陷，可能对人身财产安全造成损害的，应当立即停止生产、销售，及时报告当地质量监督部门、工商行政管理部门，通知农业机械使用者停止使用。农业机械生产者应当及时召回存在设计、制造等缺陷的农业机械。

农业机械生产者、销售者不履行本条第一款义务的，质量监督部门、工商行政管理部门可以责令生产者召回农业机械，责令销售者停止销售农业机械。

第十七条 禁止生产、销售下列农业机械：

（一）不符合农业机械安全技术标准的；

（二）依法实行工业产品生产许可证管理而未取得许可证的；

（三）依法必须进行认证而未经认证的；

（四）利用残次零配件或者报废农业机械的发动机、方向机、变速器、车架等部件拼装的；

（五）国家明令淘汰的。

第十八条 从事农业机械维修经营，应当有必要的维修场地，有必要的维修设施、设备和检测仪器，有相应的维修技术人员，有安全防护和环境保护措施，取得相应的维修技术合格证书，并依法办理工商登记手续。

申请农业机械维修技术合格证书，应当向当地县级人民政府农业机械化主管部门提交下列材料：

（一）农业机械维修业务申请表；

（二）申请人身份证明、企业名称预先核准通知书；

（三）维修场所使用证明；

（四）主要维修设施、设备和检测仪器清单；

（五）主要维修技术人员的国家职业资格证书。

农业机械化主管部门应当自收到申请之日起 20 个工作日内，对符合条件的，核发维修技术合格证书；对不符合条件的，书面通知申请人并说明理由。

维修技术合格证书有效期为 3 年；有效期满需要继续从事农

业机械维修的，应当在有效期满前申请续展。

第十九条 农业机械维修经营者应当遵守国家有关维修质量安全技术规范和维修质量保证期的规定，确保维修质量。

从事农业机械维修不得有下列行为：

（一）使用不符合农业机械安全技术标准的零配件；

（二）拼装、改装农业机械整机；

（三）承揽维修已经达到报废条件的农业机械；

（四）法律、法规和国务院农业机械化主管部门规定的其他禁止性行为。

第三章 使用操作

第二十条 农业机械操作人员可以参加农业机械操作人员的技能培训，可以向有关农业机械化主管部门、人力资源和社会保障部门申请职业技能鉴定，获取相应等级的国家职业资格证书。

第二十一条 拖拉机、联合收割机投入使用前，其所有人应当按照国务院农业机械化主管部门的规定，持本人身份证明和机具来源证明，向所在地县级人民政府农业机械化主管部门申请登记。拖拉机、联合收割机经安全检验合格的，农业机械化主管部门应当在2个工作日内予以登记并核发相应的证书和牌照。

拖拉机、联合收割机使用期间登记事项发生变更的，其所有人应当按照国务院农业机械化主管部门的规定申请变更登记。

第二十二条 拖拉机、联合收割机操作人员经过培训后，应当按照国务院农业机械化主管部门的规定，参加县级人民政府农业机械化主管部门组织的考试。考试合格的，农业机械化主管部门应当在2个工作日内核发相应的操作证件。

拖拉机、联合收割机操作证件有效期为6年；有效期满，拖拉机、联合收割机操作人员可以向原发证机关申请续展。未满

18周岁不得操作拖拉机、联合收割机。操作人员年满70周岁的，县级人民政府农业机械化主管部门应当注销其操作证件。

第二十三条 拖拉机、联合收割机应当悬挂牌照。拖拉机上道路行驶，联合收割机因转场作业、维修、安全检验等需要转移的，其操作人员应当携带操作证件。

拖拉机、联合收割机操作人员不得有下列行为：

（一）操作与本人操作证件规定不相符的拖拉机、联合收割机；

（二）操作未按照规定登记、检验或者检验不合格、安全设施不全、机件失效的拖拉机、联合收割机；

（三）使用国家管制的精神药品、麻醉品后操作拖拉机、联合收割机；

（四）患有妨碍安全操作的疾病操作拖拉机、联合收割机；

（五）国务院农业机械化主管部门规定的其他禁止行为。

禁止使用拖拉机、联合收割机违反规定载人。

第二十四条 农业机械操作人员作业前，应当对农业机械进行安全查验；作业时，应当遵守国务院农业机械化主管部门和省、自治区、直辖市人民政府农业机械化主管部门制定的安全操作规程。

第四章　事故处理

第二十五条 县级以上地方人民政府农业机械化主管部门负责农业机械事故责任的认定和调解处理。

本条例所称农业机械事故，是指农业机械在作业或者转移等过程中造成人身伤亡、财产损失的事件。

农业机械在道路上发生的交通事故，由公安机关交通管理部门依照道路交通安全法律、法规处理；拖拉机在道路以外通行时发生的事故，公安机关交通管理部门接到报案的，参照道路交通安全法律、法规处理。农业机械事故造成公路及其附属设施损坏的，由交通主管部门依照公路法律、法规处理。

第二十六条　在道路以外发生的农业机械事故，操作人员和现场其他人员应当立即停止作业或者停止农业机械的转移，保护现场，造成人员伤害的，应当向事故发生地农业机械化主管部门报告；造成人员死亡的，还应当向事故发生地公安机关报告。造成人身伤害的，应当立即采取措施，抢救受伤人员。因抢救受伤人员变动现场的，应当标明位置。

接到报告的农业机械化主管部门和公安机关应当立即派人赶赴现场进行勘验、检查，收集证据，组织抢救受伤人员，尽快恢复正常的生产秩序。

第二十七条　对经过现场勘验、检查的农业机械事故，农业机械化主管部门应当在10个工作日内制作完成农业机械事故认定书；需要进行农业机械鉴定的，应当自收到农业机械鉴定机构出具的鉴定结论之日起5个工作日内制作农业机械事故认定书。

农业机械事故认定书应当载明农业机械事故的基本事实、成因和当事人的责任，并在制作完成农业机械事故认定书之日起3个工作日内送达当事人。

第二十八条　当事人对农业机械事故损害赔偿有争议，请求调解的，应当自收到事故认定书之日起10个工作日内向农业机械化主管部门书面提出调解申请。

调解达成协议的，农业机械化主管部门应当制作调解书送交各方当事人。调解书经各方当事人共同签字后生效。调解不能达成协议或者当事人向人民法院提起诉讼的，农业机械化主管部门应当终止调解并书面通知当事人。调解达成协议后当事人反悔的，可以向人民法院提起诉讼。

第二十九条　农业机械化主管部门应当为当事人处理农业机

械事故损害赔偿等后续事宜提供帮助和便利。因农业机械产品质量原因导致事故的，农业机械化主管部门应当依法出具有关证明材料。

农业机械化主管部门应当定期将农业机械事故统计情况及说明材料报送上级农业机械化主管部门并抄送同级安全生产监督管理部门。

农业机械事故构成生产安全事故的，应当依照相关法律、行政法规的规定调查处理并追究责任。

第五章　服务与监督

第三十条　县级以上地方人民政府农业机械化主管部门应当定期对危及人身财产安全的农业机械进行免费实地安全检验。但是道路交通安全法律对拖拉机的安全检验另有规定的，从其规定。

拖拉机、联合收割机的安全检验为每年1次。

实施安全技术检验的机构应当对检验结果承担法律责任。

第三十一条　农业机械化主管部门在安全检验中发现农业机械存在事故隐患的，应当告知其所有人停止使用并及时排除隐患。

实施安全检验的农业机械化主管部门应当对安全检验情况进行汇总，建立农业机械安全监督管理档案。

第三十二条　联合收割机跨行政区域作业前，当地县级人民政府农业机械化主管部门应当会同有关部门，对跨行政区域作业的联合收割机进行必要的安全检查，并对操作人员进行安全教育。

第三十三条　国务院农业机械化主管部门应当定期对农业机械安全使用状况进行分析评估，发布相关信息。

第三十四条 国务院工业主管部门应当定期对农业机械生产行业运行态势进行监测和分析，并按照先进适用、安全可靠、节能环保的要求，会同国务院农业机械化主管部门、质量监督部门等有关部门制定、公布国家明令淘汰的农业机械产品目录。

第三十五条 危及人身财产安全的农业机械达到报废条件的，应当停止使用，予以报废。农业机械的报废条件由国务院农业机械化主管部门会同国务院质量监督部门、工业主管部门规定。

县级人民政府农业机械化主管部门对达到报废条件的危及人身财产安全的农业机械，应当书面告知其所有人。

第三十六条 国家对达到报废条件或者正在使用的国家已经明令淘汰的农业机械实行回收。农业机械回收办法由国务院农业机械化主管部门会同国务院财政部门、商务主管部门制定。

第三十七条 回收的农业机械由县级人民政府农业机械化主管部门监督回收单位进行解体或者销毁。

第三十八条 使用操作过程中发现农业机械存在产品质量、维修质量问题的，当事人可以向县级以上地方人民政府农业机械化主管部门或者县级以上地方质量监督部门、工商行政管理部门投诉。接到投诉的部门对属于职责范围内的事项，应当依法及时处理；对不属于职责范围内的事项，应当及时移交有权处理的部门，有权处理的部门应当立即处理，不得推诿。

县级以上地方人民政府农业机械化主管部门和县级以上地方质量监督部门、工商行政管理部门应当定期汇总农业机械产品质量、维修质量投诉情况并逐级上报。

第三十九条 国务院农业机械化主管部门和省、自治区、直辖市人民政府农业机械化主管部门应当根据投诉情况和农业安全生产需要，组织开展在用的特定种类农业机械的安全鉴定和重点检查，并公布结果。

第四十条 农业机械安全监督管理执法人员在农田、场院等场所进行农业机械安全监督检查时，可以采取下列措施：

（一）向有关单位和个人了解情况，查阅、复制有关资料；

（二）查验拖拉机、联合收割机证书、牌照及有关操作证件；

（三）检查危及人身财产安全的农业机械的安全状况，对存在重大事故隐患的农业机械，责令当事人立即停止作业或者停止农业机械的转移，并进行维修；

（四）责令农业机械操作人员改正违规操作行为。

第四十一条 发生农业机械事故后企图逃逸的、拒不停止存在重大事故隐患农业机械的作业或者转移的，县级以上地方人民政府农业机械化主管部门可以扣押有关农业机械及证书、牌照、操作证件。案件处理完毕或者农业机械事故肇事方提供担保的，县级以上地方人民政府农业机械化主管部门应当及时退还被扣押的农业机械及证书、牌照、操作证件。存在重大事故隐患的农业机械，其所有人或者使用人排除隐患前不得继续使用。

第四十二条 农业机械安全监督管理执法人员进行安全监督检查时，应当佩戴统一标志，出示行政执法证件。农业机械安全监督检查、事故勘察车辆应当在车身喷涂统一标识。

第四十三条 农业机械化主管部门不得为农业机械指定维修经营者。

第四十四条 农业机械化主管部门应当定期向同级公安机关交通管理部门通报拖拉机登记、检验以及有关证书、牌照、操作证件发放情况。公安机关交通管理部门应当定期向同级农业机械化主管部门通报农业机械在道路上发生的交通事故及处理情况。

第六章 法律责任

第四十五条 县级以上地方人民政府农业机械化主管部门、

工业主管部门、质量监督部门和工商行政管理部门及其工作人员有下列行为之一的，对直接负责的主管人员和其他直接责任人员，依法给予处分；构成犯罪的，依法追究刑事责任：

（一）不依法对拖拉机、联合收割机实施安全检验、登记，或者不依法核发拖拉机、联合收割机证书、牌照的；

（二）对未经考试合格者核发拖拉机、联合收割机操作证件，或者对经考试合格者拒不核发拖拉机、联合收割机操作证件的；

（三）对不符合条件者核发农业机械维修技术合格证书，或者对符合条件者拒不核发农业机械维修技术合格证书的；

（四）不依法处理农业机械事故，或者不依法出具农业机械事故认定书和其他证明材料的；

（五）在农业机械生产、销售等过程中不依法履行监督管理职责的；

（六）其他未依照本条例的规定履行职责的行为。

第四十六条　生产、销售利用残次零配件或者报废农业机械的发动机、方向机、变速器、车架等部件拼装的农业机械的，由县级以上质量监督部门、工商行政管理部门按照职责权限责令停止生产、销售，没收违法所得和违法生产、销售的农业机械，并处违法产品货值金额 1 倍以上 3 倍以下罚款；情节严重的，吊销营业执照。

农业机械生产者、销售者违反工业产品生产许可证管理、认证认可管理、安全技术标准管理以及产品质量管理的，依照有关法律、行政法规处罚。

第四十七条　农业机械销售者未依照本条例的规定建立、保存销售记录的，由县级以上工商行政管理部门责令改正，给予警告；拒不改正的，处 1 000元以上 1 万元以下罚款，并责令停业整顿；情节严重的，吊销营业执照。

第四十八条 未取得维修技术合格证书或者使用伪造、变造、过期的维修技术合格证书从事维修经营的，由县级以上地方人民政府农业机械化主管部门收缴伪造、变造、过期的维修技术合格证书，限期补办有关手续，没收违法所得，并处违法经营额1倍以上2倍以下罚款；逾期不补办的，处违法经营额2倍以上5倍以下罚款，并通知工商行政管理部门依法处理。

第四十九条 农业机械维修经营者使用不符合农业机械安全技术标准的配件维修农业机械，或者拼装、改装农业机械整机，或者承揽维修已经达到报废条件的农业机械的，由县级以上地方人民政府农业机械化主管部门责令改正，没收违法所得，并处违法经营额1倍以上2倍以下罚款；拒不改正的，处违法经营额2倍以上5倍以下罚款；情节严重的，吊销维修技术合格证。

第五十条 未按照规定办理登记手续并取得相应的证书和牌照，擅自将拖拉机、联合收割机投入使用，或者未按照规定办理变更登记手续的，由县级以上地方人民政府农业机械化主管部门责令限期补办相关手续；逾期不补办的，责令停止使用；拒不停止使用的，扣押拖拉机、联合收割机，并处200元以上2 000元以下罚款。

当事人补办相关手续的，应当及时退还扣押的拖拉机、联合收割机。

第五十一条 伪造、变造或者使用伪造、变造的拖拉机、联合收割机证书和牌照的，或者使用其他拖拉机、联合收割机的证书和牌照的，由县级以上地方人民政府农业机械化主管部门收缴伪造、变造或者使用的证书和牌照，对违法行为人予以批评教育，并处200元以上2 000元以下罚款。

第五十二条 未取得拖拉机、联合收割机操作证件而操作拖拉机、联合收割机的，由县级以上地方人民政府农业机械化主管部门责令改正，处100元以上500元以下罚款。

第五十三条　拖拉机、联合收割机操作人员操作与本人操作证件规定不相符的拖拉机、联合收割机，或者操作未按照规定登记、检验或者检验不合格、安全设施不全、机件失效的拖拉机、联合收割机，或者使用国家管制的精神药品、麻醉品后操作拖拉机、联合收割机，或者患有妨碍安全操作的疾病操作拖拉机、联合收割机的，由县级以上地方人民政府农业机械化主管部门对违法行为人予以批评教育，责令改正；拒不改正的，处100元以上500元以下罚款；情节严重的，吊销有关人员的操作证件。

第五十四条　使用拖拉机、联合收割机违反规定载人的，由县级以上地方人民政府农业机械化主管部门对违法行为人予以批评教育，责令改正；拒不改正的，扣押拖拉机、联合收割机的证书、牌照；情节严重的，吊销有关人员的操作证件。非法从事经营性道路旅客运输的，由交通主管部门依照道路运输管理法律、行政法规处罚。

当事人改正违法行为的，应当及时退还扣押的拖拉机、联合收割机的证书、牌照。

第五十五条　经检验、检查发现农业机械存在事故隐患，经农业机械化主管部门告知拒不排除并继续使用的，由县级以上地方人民政府农业机械化主管部门对违法行为人予以批评教育，责令改正；拒不改正的，责令停止使用；拒不停止使用的，扣押存在事故隐患的农业机械。

事故隐患排除后，应当及时退还扣押的农业机械。

第五十六条　违反本条例规定，造成他人人身伤亡或者财产损失的，依法承担民事责任；构成违反治安管理行为的，依法给予治安管理处罚；构成犯罪的，依法追究刑事责任。

第七章　附　则

第五十七条　本条例所称危及人身财产安全的农业机械，是指对人身财产安全可能造成损害的农业机械，包括拖拉机、联合收割机、机动植保机械、机动脱粒机、饲料粉碎机、插秧机、铡草机等。

第五十八条 本条例规定的农业机械证书、牌照、操作证件和维修技术合格证，由国务院农业机械化主管部门会同国务院有关部门统一规定式样，由国务院农业机械化主管部门监制。

第五十九条 拖拉机操作证件考试收费、安全技术检验收费和牌证的工本费，应当严格执行国务院价格主管部门核定的收费标准。

第六十条 本条例自 2009 年 11 月 1 日起施行。

主要参考文献

1. 张新植，邹贵祖，刘纹芳．农机驾驶员实用知识．哈尔滨：黑龙江科学技术出版社．2011.

2. 杨波．农机驾驶员安全操作200问．北京：中国农业出版社．2015.

3. 额尔德木图，王育海．新型农机驾驶员培训教程．南昌：江西科学技术出版社，2014.